Sugeng Putranto

Desenvolvimento da Avaliação de Danos para o Ecossistema de Manguezais

Sugeng Putranto

Desenvolvimento da Avaliação de Danos para o Ecossistema de Manguezais

Modelo de Integração e Valorização Económica

ScienciaScripts

Imprint
Any brand names and product names mentioned in this book are subject to trademark, brand or patent protection and are trademarks or registered trademarks of their respective holders. The use of brand names, product names, common names, trade names, product descriptions etc. even without a particular marking in this work is in no way to be construed to mean that such names may be regarded as unrestricted in respect of trademark and brand protection legislation and could thus be used by anyone.

Cover image: www.ingimage.com

This book is a translation from the original published under ISBN 978-3-659-86055-3.

Publisher:
Sciencia Scripts
is a trademark of
Dodo Books Indian Ocean Ltd. and OmniScriptum S.R.L publishing group

120 High Road, East Finchley, London, N2 9ED, United Kingdom
Str. Armeneasca 28/1, office 1, Chisinau MD-2012, Republic of Moldova, Europe
Printed at: see last page
ISBN: 978-620-5-69374-2

Desenvolvimento da Avaliação de Danos para o Ecossistema de Manguezais

Modelo de Integração e Valorização Económica

DR. Sugeng Putranto, SSi, MSi

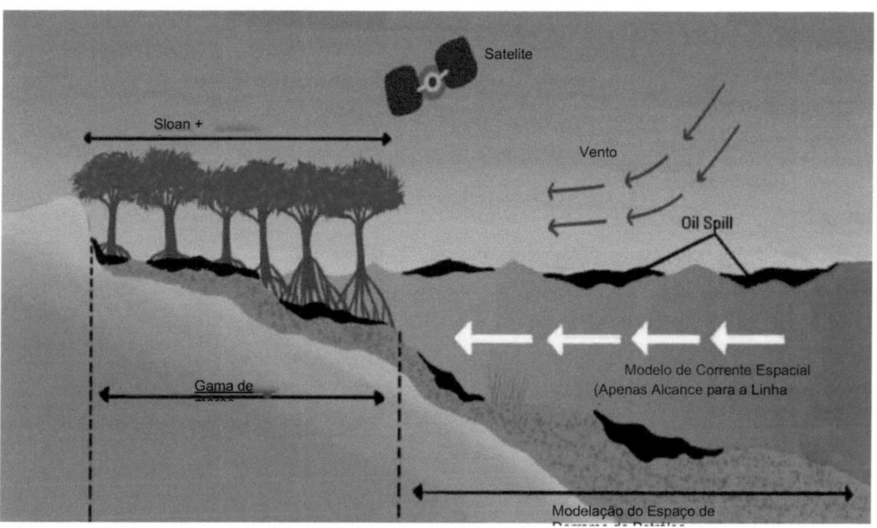

LISTA DE CONTEÚDOS

1. INTRODUÇÃO

A Indonésia sofreu vários incidentes com derrames de petróleo, um dos quais ocorreu na plataforma de Montara, no Mar de Timor, em 2009. Embora o local do derrame de petróleo tenha sido em território australiano Zee, o impacto foi sentido na Indonésia em oito distritos da província de Nusa Tenggara Oriental (Mainarni, 2016). O governo da Indonésia alegou danos ambientais causados pelo derrame de petróleo de cerca de 2,4 mil milhões de dólares ou 21,6 triliões de Rp. Infelizmente, a alegação foi rejeitada pelo PTTEP Australasia uma vez que não foi apoiada por dados suficientes (Republika, 2010). O incidente recente foi em Abril de 2018, que foi o derrame de petróleo na Baía de Balikpapan. Aproximadamente 7.000 ha com o comprimento da costa afectada no lado de Balikpapan e Penajam Paser Utara atinge 60 km. Resultados da análise por satélite em 2 de Abril de 2018 estimam que a área total do derrame de petróleo na Baía de Balikpapan atingiu 12.987,2 ha. Este derrame de petróleo acabou na área de mangais em torno da Baía de Balikpapan - que é de cerca de 6.000 ha em Kampung Atas Air Margasari- e 2.000 sementes de mangais em Kampung Atas Air Margasari (Tempo, 2018).

A avaliação dos danos do ecossistema pode ser feita através da análise do índice de sensibilidade dos mangais, modelo de derramamento de petróleo, e cálculo do valor económico. O desenvolvimento de modelos matemáticos e a aplicação do Sistema de Informação Geográfica (SIG) foram realizados no Estreito de Malaca, Estreito de Lombok e Estreito de Makassar para ver os padrões de distribuição de derrames de petróleo, o número, e extensão das áreas afectadas por derrames de petróleo (Hadi e Latief, 2010). O Índice de Sensibilidade Ambiental (ESI) é utilizado para mapear a sensibilidade ambiental aos derrames de petróleo nas águas da Ilha de Pramuka, Panggang, Semak Daun e Karang Congkak. Este Índice de Sensibilidade Ambiental identificará as características da sensibilidade ambiental através do mapeamento dos recursos naturais e do uso da terra nas zonas costeiras (Fatullah, 2009). Até agora, a integração limitada do modelo apenas combinou o índice de sensibilidade ambiental com o modelo de derrame de petróleo e não combinou o valor económico dos danos ao ecossistema dos mangais, por exemplo, de vários estudos ou estudos, incluindo o Mapeamento do Índice de Sensibilidade Ambiental (ESI) para os derrames de petróleo na Costa de Goa, Índia por Murali e Kumar (2009), Mapping the Impacts of Crude Oil theft and Illegal Refineries on Mangrove of the Niger Delta of Nigeria with Remote Sensing Technology por Balogun (2015) e Environmental Sensitivity Index Mapping of Lagos Shorelines por Oyedepo JA e Adeofun CO (2011). Do mesmo modo, os resultados de investigações ou estudos na Indonésia que ainda utilizam a integrase entre IKL e Oil Spill, tais como PHE ONWJ (2009), BP Tangguh (2012), e Donggi Sinoro LNG (2012). Com base nestes antecedentes, o objectivo desta investigação é desenvolver um modelo integrado de avaliação de danos no ecossistema dos mangais devido a derrames de petróleo que utilizam o modelo de derrame de petróleo e avaliação económica. O seguinte quadro de pensamento a partir desta investigação é o mostrado na Figura 1.

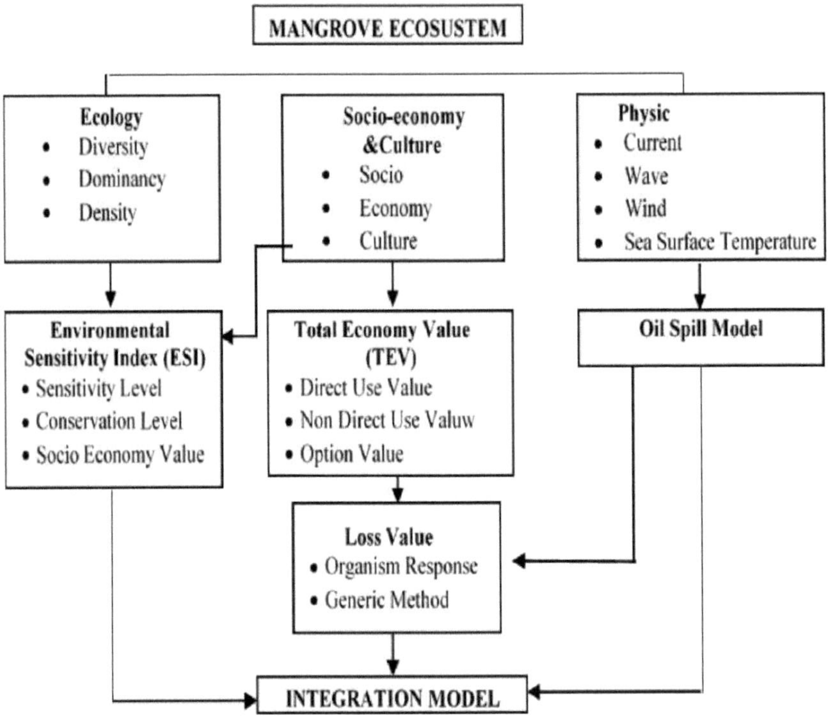

Figura 1. Fluxograma do modelo de integração

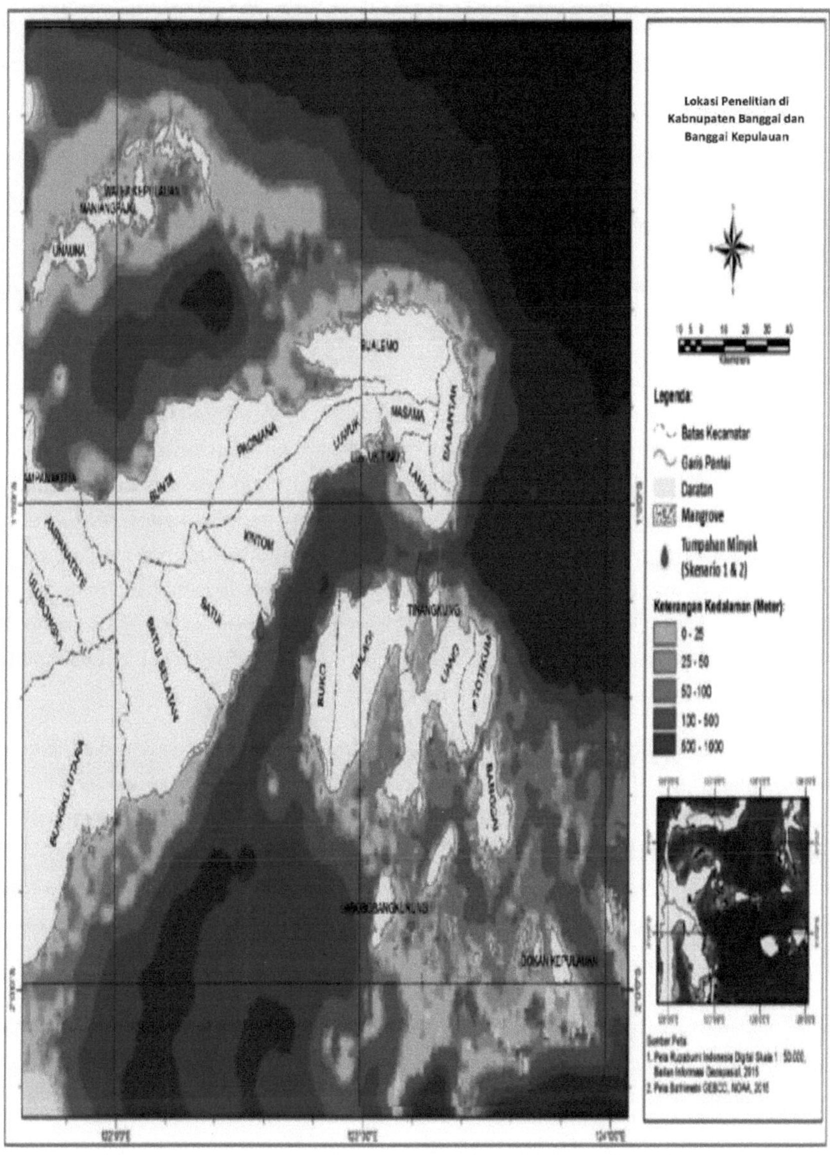

Figura 2. Locais de investigação nas Ilhas Banggai Regency e Banggai

2. ÍNDICE DE SENSIBILIDADE DOS MANGUEZAIS

2.1. Introdução

Os ecossistemas de mangais localizados em áreas intertidais são fortemente influenciados pelas marés, pelo que é muito provável que os derrames de petróleo perto da costa possam penetrar no ecossistema dos mangais. Ecologicamente, o ecossistema dos mangais tem uma sensibilidade elevada (Brito et al., 2009) e uma sensibilidade muito elevada e crónica aos derrames de petróleo (Duke, 2016). Os ecossistemas dos mangais que são afectados por derrames de petróleo terão problemas de respiração e fotossíntese, o que terá um impacto nos danos e necessitará de um longo período de tempo para recuperar.

Uma investigação de Cavalcanti et al. (2012) afirmou que a poluição por petróleo no rio Iriri do Brasil reduziu a área de mangais para 76% e que o estado dos mangais não foi capaz de recuperar dentro de dez anos. Lee et al. (2013) também acrescentaram que o petróleo pode ficar retido em sedimentos durante mais de 4 anos. As diferentes características dos mangais em termos de tipo, tamanho, forma das raízes e folhas afectam grandemente os diferentes níveis de sensibilidade de cada tipo de mangue a derrames de óleo. Sowmya e Jayappa (2016) determinaram os mangais como um habitat muito sensível aos derrames de petróleo, mas não incluíram a sensibilidade das espécies de mangais como um elemento que foi tido em conta no índice.

O Índice de Sensibilidade de Mangue (MSI) é um método que pode ser utilizado como medida preventiva e responder ao impacto de um derrame de petróleo. O IMC tem diferentes níveis de sensibilidade nas zonas costeiras, dependendo das características geofísicas, hidrodinâmicas, biológicas e socioeconómicas. O MSI contribui para minimizar o potencial impacto de um derrame de petróleo no ambiente. Este índice é um elemento chave para determinar o mapa de sensibilidade ambiental a derrames de petróleo com aplicação adequada. Este deve ser adaptado às necessidades e condições de cada região (Agudelo et al., 2015). Com base nas características de cada área, a sensibilidade à poluição por petróleo pode ser avaliada com base nestes parâmetros: (1) o comprimento da costa afectada pelo derrame de petróleo, (2) a possibilidade de penetração do derrame de petróleo em terra, (3) o tempo de retenção do derrame na praia até que ocorra a limpeza natural, (4) o impacto do derrame de petróleo nas actividades económicas e no ambiente ecológico costeiro poluído, e (5) a possibilidade de operações reactivas e de limpeza das praias. O índice de sensibilidade do ecossistema dos mangais é uma combinação do nível de vulnerabilidade dos valores de conservação e dos valores socioeconómicos. Os três componentes são avaliados utilizando uma pontuação de 1-5, depois multiplicada para obter a pontuação MSI. A pontuação MSI varia de 1 a 125 onde quanto maior for a pontuação, mais sensível será o nível de vulnerabilidade (Sloan, 1993).

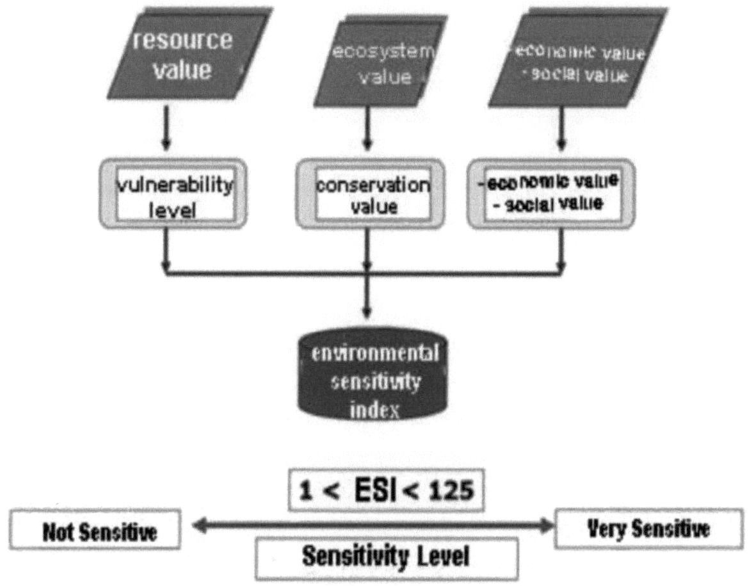

Figura 3. Esquema da abordagem do estudo para a preparação de PMIs

2.2. Material

Os materiais utilizados foram 3 passagens quadradas, cada uma medindo 1 m2, 25 m2, e 100 m2, um medidor de rolos para passagens de linha, um medidor para medir o diâmetro das árvores, folhas de trabalho e instrumentos de escrita para registar dados.

2.3. Recolha de dados

Os dados do Índice de Sensibilidade de Manguezais foram obtidos através da realização de observações e medições directas (inquéritos), enquanto os dados secundários foram recolhidos do Departamento de Pescas e Assuntos Marinhos da Regência de Banggai e das Ilhas Banggai, bem como de inquéritos sociais utilizando métodos de entrevista e questionários, equipados com estudos de literatura para apoiar o cálculo do MSI.

Os dados foram recolhidos utilizando o método da linha quadrada (Kusmana, 1997) onde foram utilizados diferentes quadrantes, nomeadamente 1 m2 de nível de mudas, 25 m2 de muda e 100 m2 de nível de árvores (Figura 4). A recolha de dados sobre manguezais foi realizada em dois locais de parcelas, começando no mangue próximo do continente e continuando a deslocar-se em direcção à costa. Os dados recolhidos sobre os mangais são dados de observações de tipos ou espécies, número de árvores, mudas e plântulas da vegetação dos mangais na parcela, penteando cada uma delas através da medição do diâmetro e altura do mangue.

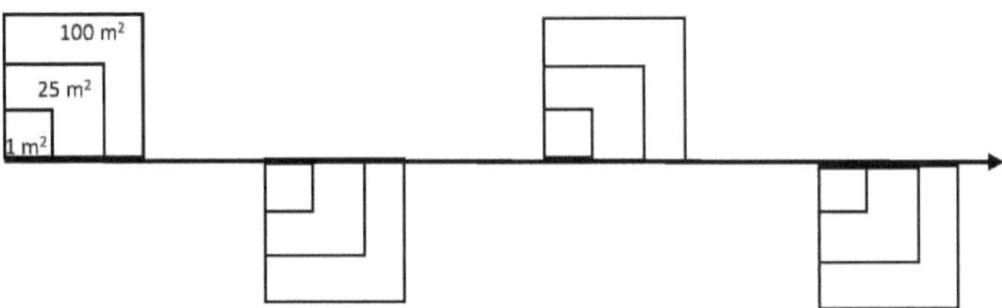

Figura 4. Método da linha quadrada

A descrição do perfil ambiental é realizada através de um inventário dos recursos existentes na área de estudo, incluindo componentes físicos, químicos, biológicos, sociais, económicos e culturais (Tabelas 1 a 10). O perfil de estudo será analisado é uma área terrestre que se encontra directamente adjacente ao mar.

A interpretação espacial de um perfil ambiental é necessária para fins de interpretação do SIG. O perfil ambiental que foi compilado será desenvolvido em camadas. A camada de dados será desenvolvida para um mapa temático de cada camada, depois sobreposta para interpretar a sua sensibilidade de índice com base nos critérios do MSI.

2.4. Análise de dados

2.4.1. Shannon Mangrove Diversity - Wiener

O índice de diversidade dos mangais foi calculado utilizando a fórmula (Odum, 1993; Bengen, 2003):

$$H' = -\sum_{i=1}^{n}(p_i \log^2 p_i) \;\; ; \;\; p_i = \frac{n_i}{N} \quad \text{..(1)}$$

Nota:

H' = O índice de diversidade;
p_i = A proporção da frequência do i-ésimo tipo em relação ao número total;
n_i = O número de indivíduos do tipo i-ésimo;
N = o número total de indivíduos.

Critérios para determinar o valor da diversidade:

H' 1= Baixa diversidade de espécies, pressão ecológica muito forte
1 < H' 3 = Diversidade média de espécies, stress ecológico moderado
H' > 3 = Alta diversidade de espécies, ocorre equilíbrio do ecossistema

2.4.2. Domínio dos mangues

A dominância das espécies de mangais foi calculada utilizando a fórmula do índice de dominância (Odum, 1971):

$$C = \sum_{i=1}^{s}\left(\frac{n_i}{N}\right)^2 \quad \text{...(2)}$$

Nota:

C = o índice de dominância Simpson;
n_i = o número de indivíduos;
N = o número total de tipos;
S = o número de tipos.

Critérios para determinar o valor da diversidade:

0,01 < C 0,30 = Dominância baixa

0,31 < C 0,60 = Dominância moderada

0,61 < C 1,00 = Domínio elevado

2.4.3. Densidade de mangueiras

A densidade do mangue é calculada utilizando a fórmula de acordo com Bengen (2003):

Densidade de mangueiras por 100 m^2 (P) = Total de indivíduos de uma espécie Área de observação transectora

A equação da estrutura da comunidade de mangais que inclui: número de espécies (J), índice de diversidade (H'), índice de dominância de espécies (DI), e densidade de mangais (P) enquanto calcula o MSI referindo-se à abordagem dos três componentes determinantes, especificamente o Nível de Vulnerabilidade dos Mangais (MVL), Valor de Conservação (CV), e Valor Social e Económico (SEV) (Sloan, 1993), nomeadamente

MSI = MVL x CV x SEV ....(3)

O seguinte é apresentado no Quadro 1 que é a pontuação ou o valor do agrupamento de pontuações MSI

Quadro 1. Agrupamento de níveis de sensibilidade (NOAA, 2012)

Pontuação MSI	Nível de Sensibilidade
1	Não Sensível
2-8	Baixo Sensibilidade
9-27	Sensibilidade média
28-64	Sensível
65-125	Muito sensível

2.4.4. Nível de Vulnerabilidade (VL)

O valor do nível de vulnerabilidade dos mangais é uma modificação (Sloan,1993) que é construída a partir de 2 variáveis, nomeadamente o valor da diversidade (H') e da dominância (C). O cálculo do $VL_{mangrove}$ é a raiz quadrada do produto das duas variáveis.

$VL_{mangrove}$ = V(H' X C) ....(4)

A diversidade e o índice de dominância são um substituto do valor de vulnerabilidade de Sloan, onde Sloan (1993) utiliza o nível de vulnerabilidade dos tipos de habitat. A utilização de índices de diversidade e dominância é um substituto para a pontuação do tipo de habitat. A determinação de várias variáveis de valores do nível de vulnerabilidade pode ser vista no Quadro 2 e no Quadro 3.

Quadro 2. Nível de sensibilidade do mangue com base no Índice de Diversidade (H')

Critérios de Diversidade (H')		
H'	Pontuação	Sensibilidade
0-0.5	5	Muito sensível
0.5-1.5	4	Sensível
1.5-2.0	3	Sensibilidade média
2.0-2.5	2	Baixo Sensibilidade
2.5-3.0	1	Não Sensível

Quadro 3. Nível de sensibilidade de mangueiras com base no Índice de Dominância (C)

Critérios de dominância (C)		
Domínio	**Pontuação**	**Sensibilidade**
0.0-0.2	5	Não sensível
0.2-0.4	4	Baixo Sensibilidade
0.4-0.6	3	Sensibilidade média
0.6-0.8	2	Sensível
0.8-1.0	1	Muito sensível

2.4.5. Valor de Conservação

O valor de conservação do estrato manguezal é desenvolvido a partir de 4 variáveis que incluem densidade ao nível das árvores (P), número de espécies (J), distância das margens do rio (D), e a distância mais distante da água do mar à terra (R). O cálculo do valor de conservação (CV) dos manguezais é a raiz quadrada da multiplicação das quatro variáveis ou a média geométrica das quatro variáveis, que é formulada (Sloan, 1993) da seguinte forma

$$CV_{mangrove} = \sqrt[4]{P\ x\ J\ x\ D\ x\ R} \qquad (5)$$

Segue-se a determinação das variáveis de Valor de Conservação (Quadro 4) a (Quadro 7):

Quadro 4. Valor de Conservação do Manguezal baseado na variável densidade (P)

Critérios de Densidade (P)		
Densidade (Árvore/100 m)^2	**Pontuação**	**Sensibilidade**
1-5	5	Muito sensível
6-10	4	Sensível
11-15	3	Sensibilidade média
16-20	2	Baixo Sensibilidade
>20	1	Não Sensível

Quadro 5. Valor de Conservação do mangue (CV) com base na variável do total de espécies (J)

Critérios para o número de tipos (J)		
Espécie Total	**Pontuação**	**Sensibilidade**
0-1	5	Muito sensível
2	4	Sensível
3	3	Sensibilidade média
4	2	Baixo Sensibilidade
>5	1	Não Sensível

Quadro 6. Valor de Conservação do mangue (CV) baseado na variável de distância da margem do rio (D)

Critérios de distância (R)		
Distância	**Pontuação**	**Sensibilidade**
0-5	5	Muito sensível
6-10	4	Sensível
11-15	3	Sensibilidade média
16-20	2	Baixo Sensibilidade
>20	1	Não Sensível

Quadro 7. Valor de Conservação do mangue (CV) baseado na variável de distância de intrusão de água do mar na terra (R)

Distância de intrusão da água do mar na terra (m)	Pontuação	Sensibilidade
0-500	5	Muito sensível
501-1000	4	Sensível
1001-1500	3	Sensibilidade média
1501-2000	2	Baixo Sensibilidade
> 2000	1	Não Sensível

2.4.6. Valor Sócio-Económico

O valor socioeconómico da camada de mangue é construído a partir de 3 variáveis, nomeadamente Serviços de Ecossistema (SEV), Regras Locais (LR), e Valores Culturais (CuV). O cálculo do Valor Sócio-Económico (ESV) dos mangais é a raiz cúbica da multiplicação das três variáveis (Sloan, 1993), que é formulada da seguinte forma:

$$SEV_{mangrove} = \sqrt[3]{ES\ x\ LR\ x\ CuV} \quad (6)$$

O princípio geral da variável de serviço JE é que quanto mais os pescadores locais utilizarem o ecossistema dos mangais para actividades de pesca e outras actividades de utilização, mais o valor socioeconómico (quanto mais sensíveis forem). Mais explicações são apresentadas nas Tabelas 8 a 10.

Quadro 8. Valor sócio-económico dos mangais baseado em variáveis do Serviço Económico (ES)

Serviços de Ecossistema	Pontuação	Sensibilidade
A maioria dos pescadores locais (>70%) utiliza o ecossistema dos manguezais como fonte de subsistência.	5	Muito sensível
50-69% dos pescadores locais tiram partido do ecossistema dos mangais.	4	Sensível
30-49% dos pescadores locais utilizam o ecossistema dos manguezais	3	Sensibilidade média
10-29% dos pescadores locais utilizam o ecossistema dos mangais	2	Baixo Sensibilidade
<10% dos pescadores locais utilizam o ecossistema dos mangais	1	Não Sensível

Quadro 9. Valor sócio-económico dos mangais baseado em variáveis de Regulação Local (AL)

Regra local	Pontuação	Sensibilidade
Existem regras locais e existe um acordo colectivo sobre a sua utilização	5	Muito sensível
Não existem regras locais para a utilização de mangais	1	Não sensível

Quadro 10. Valor sócio-económico dos mangais baseado em variáveis de Regra Local (LR)

Valor cultural	Pontuação	Sensibilidade
Existe um valor cultural inerente à existência e utilização de mangais	5	Muito sensível
Nenhum	1	Não sensível

2.5. Resultado e Discussão

2.5.1. Índice de Dominância e Diversidade de Manguezais

O intervalo de valores do índice de dominância (C) em cada estação de investigação situa-se entre 0,32-1 (Quadro 11). O valor do índice de dominância obtido pertence às categorias de dominância média e alta. Os distritos com dominância moderada incluem Batui do Sul (0,54), Batui (0,50), Bualemo (0,38), e Balantak (0,32), enquanto os distritos com dominância elevada incluem Bulagi (0,9), Buko (1), East Luwuk (0,63), Masama (0,68), e Lamala (0,79), onde a dominância elevada é fortemente influenciada por certos tipos de mangais que podem crescer bem com o carácter do substrato em cada local. Susilawati et al. (2017) afirmaram que se o índice de dominância for elevado, então a dominância está concentrada numa espécie, mas se o valor do índice de dominância for baixo, então a dominância está concentrada em várias espécies.

A gama de valores do índice de diversidade (H') em cada estação de investigação é de 0-1,3 com categorias baixas e médias. Os distritos com baixa diversidade são Bulagi (0,20), Buko (0,00), South Batui (0,83), Batui (0,69), East Luwuk (0,55), Masama (0,61), e Lamala (0,37). A baixa diversidade dos mangais nos sete locais deve-se a apenas dois a três tipos de mangais com uma área de 215 hectares. Putranto et al. (2017) acrescentaram que a baixa diversidade de mangais neste local foi causada pelo abate de mangais pela comunidade e por mudanças na função das terras costeiras. A diversidade de espécies de mangais na categoria média inclui Balantak (1,31) e Bualemo (1,16).

Quadro 11. Domínio dos mangues e índice de diversidade no local do estudo

Localização	Índice de Dominância (C)	Índice de Diversidade (H')
Kabupaten Banggai		
Balantak	0.32	1.31
Masama	0.68	0.61
Lamala	0.79	0.37
Luwuk Timur	0.63	0.55
Bualemo	0.38	1.16
Batui	0.50	0.69
Batui Selatan	0.54	0.83
Banggai Kepulauan		
Bulagi	0.90	0.20
Buko	1.00	0.00

A diversidade moderada pode ser encontrada nos locais de Belantak e Bualemo, uma vez que estes dois locais têm espécies de mangais mais diversas do que os outros locais, onde Putranto et al. (2017) declararam que Belantak tem um ecossistema de mangais com uma boa categoria que encontrou 7 espécies, nomeadamente *Aegiceras cormiculatum, Bruguiera parviflora, Rhizophora sp.., Ceriops tagal, Nipa sp., Tectorius panamus,* e *Colophylum inopillum* com uma área total de mangais de 15 ha. Putranto et al. (2017) declararam que o ecossistema de mangais da área de Belantak está classificado como boa categoria com uma densidade total de 3.183 ind/ha, e isto porque a área de Belantak tem muitos rios que drenam para a área, de modo que a área se tornou rica em nutrientes, para além dos dados das BPS das Ilhas Banggai Regency e Banggai em 2017. Em 2016, afirma que o Sub-distrito de Belantak tem a menor população em comparação com outros subdistritos, pelo que a utilização de mangais pela comunidade neste local é ainda relativamente baixa. Entretanto, a localidade de Bualemo tem 4 tipos de mangais *Avicenia marina, Xylocarpus granatum, Rhizophora sp.,* e *Bruguiera gymnorhiza* com uma área de mangais de até 25 ha. Putranto et al. (2017) declararam também que a localização de Bualemo tem uma densidade total de 1.639 ind/ha. Isto mostra que a comunidade tem uma complexidade moderada, uma vez que as interacções dos organismos que ocorrem na comunidade são bastante boas. De acordo com Indriyanto (2006), a diversidade de espécies também pode ser utilizada para medir a estabilidade da comunidade.

2.5.2. Índice de Sensibilidade a Manguezais (MSI)

O valor do MSI na área de estudo tem um valor de sensibilidade de moderado a sensível. Os sub-distritos que têm um nível de sensibilidade moderado (Figura 5) incluem Batui, East Luwuk, Masama, Lamala, Balantak, Bualemo, e Buko, enquanto os sub-distritos Bulagi e South Batui se encontram no nível sensível.

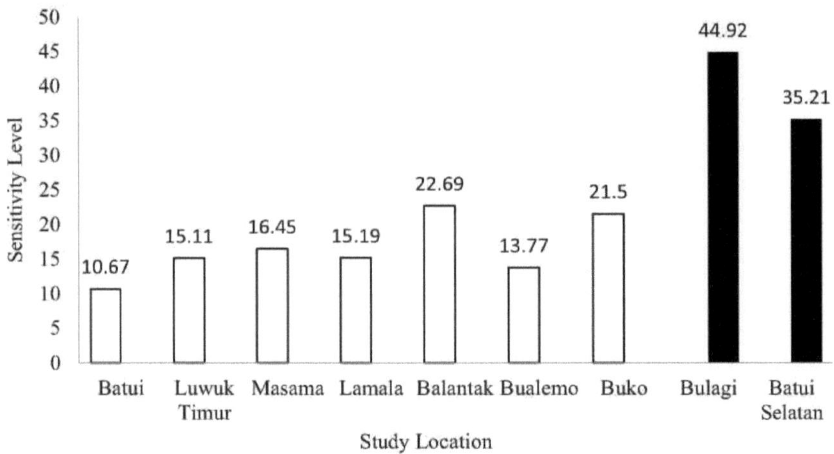

Figura 5. MSI no local do estudo

SMI classificados como sensíveis foram encontrados nos locais de Bulagi e Batui Selatan (Figura 8), o que foi causado por uma diminuição da área do ecossistema dos mangais devido a alterações no uso do solo e danos ambientais, de modo que teve um impacto na falta de utilização dos recursos do ecossistema dos mangais pela comunidade (Putranto et al., 2017). Balogun (2015) também declarou que a diminuição da área de mangue não só reduz a degradação das plantas e organismos, mas também afecta o rendimento das pessoas. Encontram-se SMI nos sub-distritos de Batui, East Luwuk, Masama, Lamala, Balantak, Bualemo, e Buko. Isto porque, nestes locais, existem comunidades piscatórias que dependem muito da existência de mangais para manter os recursos pesqueiros existentes.

O seguinte é uma imagem da condição dos mangais que são classificados como MSI: moderados e sensíveis (Figura 6 e 7).

Figura 6. Condição de mangue com categoria sensível

Figura 7. Condição de mangue com categoria moderada

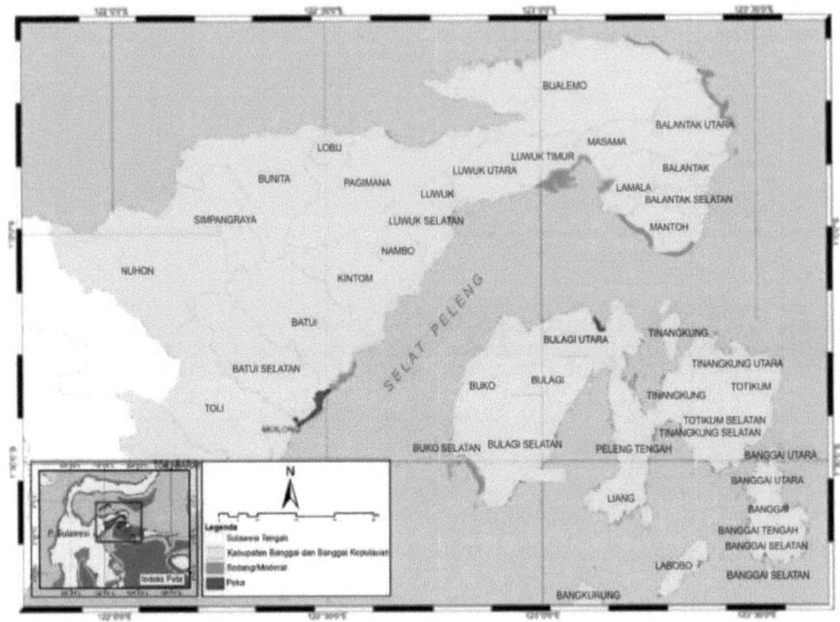

Figura 8. Distribuição dos manguezais e distribuição dos valores MSI

2.5.2.I. Índice de Sensibilidade a Manguezais com Categoria Média

O índice de sensibilidade a mangais com categoria moderada foi encontrado em sete subdistritos (Apêndice 3).

O Sub-Distrito de Batui tem um valor IKM de 21,57, incluindo na categoria média com um valor de densidade de mangue de 8 ind/100 m2. Os tipos de mangais encontrados neste local são *Rhizopora sp.* e *Bruguiera sp.* A distância entre mangais e rios é de 30 m, enquanto a distância entre mangais e intrusão de água do mar é de 100 m. O estado dos mangais nesta área é considerado bastante sensível, enquanto que se ocorrer um derrame de petróleo, é possível que os mangais sejam poluídos apenas a partir da praia e não do rio, uma vez que a distância é bastante longa. Os serviços económicos dos manguezais na área estão a um nível sensível porque apenas 40% da comunidade local utiliza o ecossistema dos mangais para satisfazer as suas necessidades diárias.

O Distrito de East Luwuk tem um valor IKM de 15,11, que está incluído na categoria média com uma densidade de mangue de 6 ind/100 m2. Os tipos de mangais encontrados neste local são *Aegiceras floridum* e *Excoecaria agallocha.* A distância entre mangais e rios é de 30 m, enquanto a distância entre mangais e intrusão de água do mar é de 100 m. O estado dos mangais nesta área é considerado bastante sensível. Em caso de derrame de petróleo, a possibilidade de contaminação dos mangais só é possível a partir da praia e não do rio, uma vez que a distância é bastante longa. Os serviços económicos dos mangais nesta área estão também a um nível moderado de sensibilidade, uma vez que apenas 60% da comunidade local utiliza o ecossistema dos mangais para satisfazer as suas necessidades diárias.

Masama Sub-Distrito tem um valor IKM de 16,45, incluindo na categoria média com uma densidade de manguezais de 13 ind/100 m2. Os tipos de mangais encontrados foram *Sonneratia alba, Rhizopora sp,* e *Bruguiera sp.* A distância entre mangais e rios é de 30 m, enquanto que a distância da intrusão de água do mar é de 100 m. Com base no estado do ecossistema dos mangais e na sua localização até à fonte de poluição, os mangais nesta área têm valor de conservação a um nível de sensibilidade bastante sensível. Os serviços económicos dos mangais nesta área estão a um nível sensível, uma vez que 60% da comunidade local utiliza o ecossistema dos mangais para satisfazer as suas necessidades diárias.

O sub-distrito de Lamala tem um valor IKM de 15,19, que está incluído na categoria média com um valor de densidade de mangue de 12 ind/100 m2. Os tipos de mangais encontrados foram *Rhizoporasp.* e *Aegiceras floridum.* A distância entre mangais e rios é de 30 m, enquanto que a distância da intrusão de água do mar é de 100 m. O estado dos mangais nesta área é considerado bastante sensível. É possível que os mangais só possam ser poluídos da costa e não dos rios, e isto porque a distância entre os mangais e o rio é bastante distante. Os serviços económicos dos mangais nesta área encontram-se a um nível bastante sensível, uma vez que apenas 50% da comunidade local utiliza o ecossistema dos mangais para satisfazer as suas necessidades diárias.

O Sub-Distrito Balantak tem mangais que são classificados como categoria moderada com uma pontuação de 22,69, com um valor de densidade de mangais de 32 ind/100 m2. Os tipos de mangais encontrados foram *Aegiceras cormiculatum, Bruguiera parviflora, Rhizophora sp., Ceriops tagal, Nipa sp., Tectorius panamus,* e *Colophylum inopillum.* A distância entre o mangue e o rio é de 30 m, esta distância é suficiente para que seja improvável que o mangue seja poluído do rio em caso de derrame de petróleo, enquanto que a distância da intrusão de água do mar é bastante próxima - 100 m. A distância suficientemente próxima faz com que a possibilidade de os mangais serem poluídos em caso de derrame de petróleo. Cerca de 57% das pessoas no sub-distrito utilizam o ecossistema dos manguezais como local para encontrar caranguejos.

O Sub-Distrito de Bualemo tem um valor IKM de 13,77, e está incluído na categoria média com uma densidade de mangue bastante boa de 17 ind/100 m2. Por conseguinte, tem um valor de conservação da variável densidade a um nível de sensibilidade bastante sensível. Os tipos de mangais encontrados nesta área incluem *Avicenia marina, Xylocarpus granatum, Rhizophora sp.*, e *Bruguiera gymnorhiza.* O mangue situa-se a 25 m do rio e a 100 m da praia. A julgar pela distância do rio, os mangais nesta zona não são sensíveis a derrames de petróleo transportados através do rio. No entanto, os mangais são muito sensíveis quando vistos da costa, de modo que se houver um derrame de óleo de mangais, este será facilmente contaminado.

O sub-distrito de Buko tem um valor IKM de 21,5, e está incluído na categoria sensível com um valor de densidade de 7 ind/100 m2 e só se encontra um tipo de mangue, que é *Rhizopora sp.* A distância do derrame de óleo é de apenas 10 m do rio e 50 m da intrusão da água do mar. Embora o estado dos mangais nesta área não seja muito bom, 80% da população local utiliza o ecossistema dos mangais para satisfazer as suas necessidades diárias.

Com base no valor dos serviços económicos, o mangue no local de Bualemo é classificado como moderado, uma vez que 64% da comunidade circundante utiliza o ecossistema do mangue para satisfazer as suas necessidades diárias. As comunidades nesta área ainda não têm regras que regulem a utilização dos ecossistemas de mangais. Se a utilização destes ecossistemas for feita continuamente sem qualquer regulamentação, o ecossistema dos mangais nesta área será danificado, para além do facto de os mangais nesta área também não terem qualquer valor cultural para a comunidade.

Os sete sub-distritos são classificados como moderados pelos derrames de petróleo, uma vez que o valor de utilização do ecossistema dos mangais é inferior a 50%, e a distância até ao rio é bastante longa (mais de 30 m), de modo que a propagação do petróleo não atinge toda a área dos mangais. Os ecossistemas de mangais afectados por derrames de petróleo serão danificados e o período de recuperação demorará muito tempo, porque o petróleo pode ficar preso em sedimentos durante mais de 4 anos (Lee et al., 2013). A investigação feita por Santos et al. (2012) descobriu que a poluição por petróleo no rio Iriri do Brasil reduziu a área de mangais para 76%, e dez anos após a ocorrência do derrame de petróleo, as condições dos mangais não foram capazes de recuperar.

2.5.2.2. Índice de Sensibilidade a Manguezais com Categoria Sensível

Os mangues no Distrito de Bulagi são classificados como sensíveis com uma pontuação de 44,92. A densidade de mangais nesta área é de 15 ind/100 m2 com *Rhizoporasp.,* e *Bruguiera sp.* A distância entre mangais e rios é de 10 m, enquanto a distância entre mangais e intrusão de água do mar é de 50 m. Esta distância próxima provoca a poluição dos mangais em caso de derrame de petróleo. Cerca de 70% das pessoas no sub-distrito utilizam o ecossistema dos mangais para satisfazer as suas necessidades diárias de pesca, caranguejos e madeira. A elevada utilização dos ecossistemas de mangais faz com que o valor dos serviços económicos dos mangais no Distrito de Bulagi seja elevado.

O Sub-Distrito de Batui do Sul tem uma pontuação MSI classificada como sensível, e isto deve-se ao estado dos mangais na área ser ainda bastante bom, com uma densidade de 13 ind/100 m2. Os tipos de mangais encontrados nesta área são *Rhizoporasp, Ceriops, Meristica,* e *Bruguierasp. Os* mangais neste local situam-se a 30 m do rio e a 100 m da intrusão da água do mar. A distância do rio, que é bastante longa, torna menos provável que os mangais possam ser poluídos no caso de um derrame de petróleo. Os serviços económicos dos mangais na área são também elevados, com uma percentagem de 55%, uma vez que as pessoas no Sub-Distrito de Batui Selatan utilizam o ecossistema dos mangais para procurar peixe e caranguejos.

Os dois sub-distritos são classificados como sensíveis por derrames de petróleo porque o valor de utilização do ecossistema dos mangais é superior a 50%, e a distância ao rio é muito próxima, que é inferior a 30 m. Isto é apoiado pela investigação de Wardhani et al. (2011) sobre o nível de vulnerabilidade do ambiente costeiro meridional de Bangkalan Regency ao potencial de derrames de petróleo. Esta investigação utiliza a abordagem de cartografia da vulnerabilidade ambiental do Índice de Sensibilidade Ambiental (ESI) da NOAA que combina sistematicamente informação sob a forma de vulnerabilidade costeira, recursos biológicos, e a sua utilização pelo homem. Os resultados do estudo declararam que as características da costa e a presença de mangais foram os factores que causaram uma grande vulnerabilidade da área. Isto deve-se à capacidade da costa de aceitar o impacto da poluição por petróleo e a existência de mangais como um habitat importante, cujos danos causarão enormes prejuízos tanto ecológica como economicamente. Valor social e económico em termos de utilização do solo da área como lugares de valor importante.

2.6. Conclusão

O MSI na área de estudo variava de moderado a sensível, mas o nível de sensibilidade do mangue era dominante na categoria moderada, uma vez que o valor do nível de vulnerabilidade, valor de conservação, e valor socioeconómico eram moderados. Entretanto, a categoria sensível só se encontra em 2 (dois) sub-distritos (Bulagi e Batui Selatan), porque o valor de utilização em ambos os sub-distritos é elevado e a distância do rio é bastante próxima. O nível de vulnerabilidade dos mangais (VLm), utilizando a multiplicação dos valores de diversidade e dominância, é melhor utilizado em comparação com o nível de vulnerabilidade (MV) por Sloan (1993) porque o uso de LVm é mais específico e preciso, onde a fórmula utilizada é VLmangrove = V(H' x C).

3. MODELO DE DERRAMAMENTO DE PETRÓLEO

3.1. Introdução

As necessidades energéticas mundiais que provêm do petróleo aumentam todos os anos, e como resultado, a perfuração petrolífera offshore está a ser realizada de forma cada vez mais intensa. O petróleo resultante da perfuração será processado em refinarias de petróleo, conforme necessário. Uma das ferramentas utilizadas para distribuir petróleo é um petroleiro. No momento da distribuição de petróleo, existe a possibilidade de um processo de poluição no mar. Tal poluição pode ocorrer através de derrames de petroleiros ou de acidentes que ocorram no mar. O NAS (1975) afirma que cerca de 6,73 milhões de toneladas de derrame de petróleo no oceano todos os anos. O petróleo (petróleo) e os seus derivados com tipos de fracções leves serão submetidos a um processo de evaporação, flutuação, emulsificação, dissolução e assentamento em massas de água no caso de um derrame de petróleo no mar, conforme mostrado na Figura 9 (Stoker e Seager 1976).

Os óleos têm diferentes níveis de viscosidade ou de viscosidade (Tabela 12) com diferentes impactos. Derrames de óleo com alta viscosidade podem afectar a respiração e processos fotossintéticos de plantas tais como mangues, ervas marinhas e algas marinhas, também podem causar a morte de organismos que nelas vivem. Os derrames de petróleo que se espalham para áreas costeiras contaminarão as águas superficiais e subterrâneas e causarão uma diminuição da estabilidade e degradação das funções do solo devido à deposição de petróleo e produtos químicos tóxicos.

A dispersão de derrames de petróleo no mar tem dois mecanismos de dispersão, e nomeadamente a dispersão causada pelas características do próprio petróleo começa nas diferenças de densidade entre o petróleo e a água e a pressão superficial. O segundo é a dispersão causada pelo vento, ondas e correntes oceânicas (Figura 9). O processo de dispersão pode espalhar a maioria dos derrames de petróleo por uma área mais vasta em poucas horas em mar aberto (Fingas, 2001), pelo que o modelo de derrame de petróleo é muito importante, uma vez que iria prever onde o derrame de petróleo se iria espalhar. A trajectória de um derrame de petróleo pode ser utilizada como uma determinação política, especialmente para salvar tanto o ecossistema costeiro como os ecossistemas marinhos, e também para efectuar limpezas. Isto pode ocorrer uma vez que, se o derrame de petróleo não for tratado adequadamente, os danos terão um impacto importante que durará muito tempo.

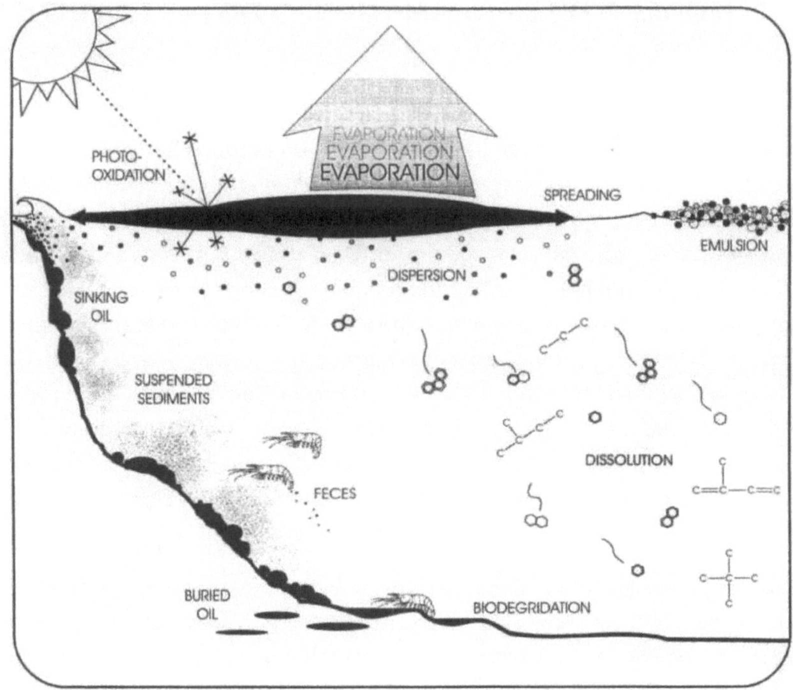

Figura 9. Os processos que ocorrem quando o petróleo entra no ecossistema marinho

De acordo com Hoff et al. (2014), os óleos podem ser divididos em cinco grupos com base no seu comportamento e propriedades gerais (Tabela 12). Cada grupo é definido por uma gama de gravidade específica, ou seja, e a relação entre a massa de óleo e a massa de água doce, para o mesmo volume e à mesma temperatura. Se a gravidade específica do óleo for inferior à gravidade específica da água receptora (água doce = 1,00 a 4 °C; água do mar = 1,03 a 4 °C), o óleo flutuará sobre a superfície da água. A gravidade API é outra propriedade frequentemente utilizada que pode ser utilizada para caracterizar o comportamento dos óleos.

Tabela 12. Grupos petrolíferos e suas características

Grupo 1: Produtos Gasolínicos

- Gravidade específica inferior a 0,80; Gravidade API > 45
- Altamente volátil e inflamável
- Evapora-se e dissolve-se rapidamente (em poucas horas)
- Pequena fracção evaporará sem resíduos
- Baixa viscosidade; espalha-se rapidamente e torna-se mais fino
- Irá penetrar no substrato mas não pegajoso
- Alta toxicidade aguda em animais e plantas

Grupo 2. Produtos como o Diesel e o Petróleo Bruto Ligeiro

- A sua gravidade específica é 0,80-0,85; Gravidade API 35-45
- Bastante volátil e fácil de dissolver
- O produto purificado pode evaporar sem resíduos
- O petróleo bruto pode ter resíduos após a evaporação estar completa
- Viscosidade baixa a moderada; espalha-se rapidamente para uma camada fina e será impossível formar uma emulsão estável
- Mais biodisponíveis do que os óleos leves (em parte porque duram mais tempo), por isso mais susceptíveis de afectar organismos na água e sedimentos

Grupo 3: Petróleo Bruto Intermediário e Produtos Intermediários

- Gravidade específica 0,85-0,95; Gravidade API 17,5-35 - Bastante volátil
- Para o petróleo bruto, até um terço evaporará nas primeiras 24 horas
- Viscosidade média a alta; Vai espalhar-se numa fina camada de óleo
- Mais biodisponíveis do que óleos leves (porque duram mais tempo), por isso são mais susceptíveis de afectar animais e plantas na água e nos sedimentos
- Pode formar emulsões estáveis e causar efeitos duradouros através de abafamento ou revestimento

Grupo 4: Petróleo Bruto Pesado e Resíduos
- Densidade média 0,95-1,0; Gravidade API 10-17,5 - Muito pouca perda de produto por evaporação - Muito viscoso a semi-sólido; pode ser aquecido durante o transporte - Pode formar uma emulsão estável e tornar-se mais viscosa - Tende a entrar rapidamente na bola de alcatrão - Baixa toxicidade aguda para os organismos - A penetração no substrato será inicialmente limitada, mas poderá aumentar com o tempo - Pode causar efeitos a longo prazo através de abafamento ou revestimento, ou como resíduo em sedimentos
Grupo 5: Afundamento do petróleo
- Gravidade específica > 1,00; Gravidade API <10 - Muito pouca perda de produto por evaporação - Muito viscoso a semi-sólido; pode ser aquecido durante o transporte ou misturado com um diluente que se evapora uma vez derramado - Baixa toxicidade aguda para os organismos (embora possa ter alguma toxicidade quando misturado com diluentes mais leves e tóxicos) - A penetração no substrato será inicialmente limitada, mas poderá aumentar com o tempo - Pode causar efeitos a longo prazo através de abafamento ou revestimento, e como resíduo em sedimentos

3.2. Método

3.2.1. Material

Os materiais utilizados na simulação do modelo de derramamento de petróleo incluem dados secundários sobre vento (Global Forecast System), correntes (Hybrid Coordinate Ocean Model), e temperatura da superfície do mar. OILMAP é utilizado como software na simulação de modelos de derrame de petróleo e propriedades do petróleo. Além disso, existem vários parâmetros de dados oceanográficos para descrever as características das águas das Ilhas Banggai Regency e Banggai.

3.2.2. Parâmetros oceanográficos

Os parâmetros oceanográficos apresentados são o resultado do processamento de dados secundários efectuado pelo SI (2012), como se mostra no Apêndice 1. Os parâmetros oceanográficos apresentados são batimetria, marés, correntes, vento e ondas medidas perto do porto ou molhe DSLNG (122.590 E e 1.2520 S).

3.2.2.1. Configuração do modelo

Estes modelos incorporam SIG para 10 é um modelo sistemático para determinar a localização e natureza dos recursos naturais, o que muitas vezes ajuda na análise e interpretação das previsões dos modelos. Se o petróleo chegar à linha de costa (tal como definido no SIG OILMAP), são registados detalhes sobre a quantidade e o tempo de viagem para chegar à linha de costa e aos recursos num local encalhado. As previsões do modelo OILMAP foram validadas na Austrália (King et al., 1999) (uma abordagem global à modelação de derrames, 1992 e aplicação do modelo tridimensional de derrame de petróleo (WOSM/OILMAP) a hindcasts). Figura que simula a distribuição de um derrame de petróleo.

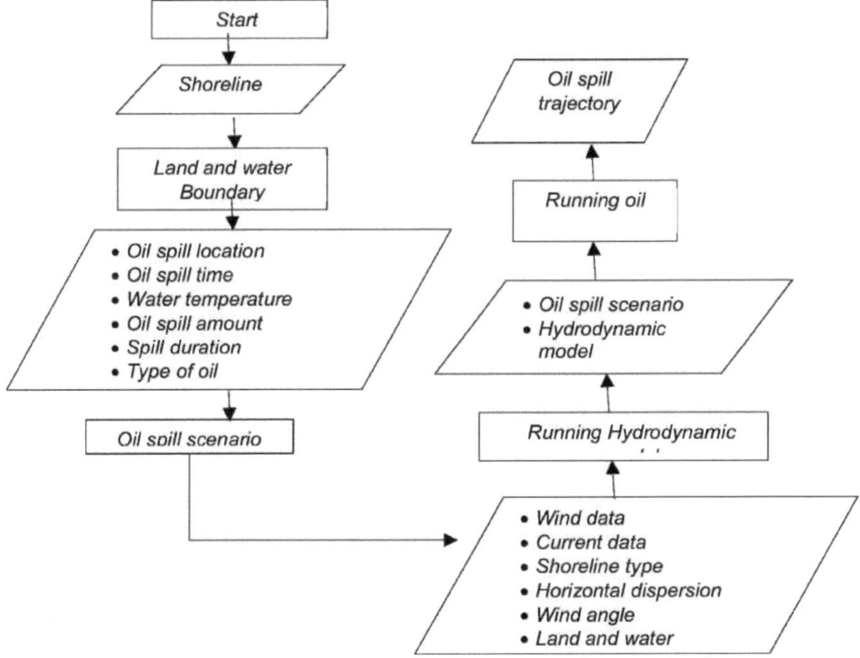

Figura 10. Simulação sistemática do modelo de distribuição de derramamento de petróleo (King et al., 1999)

O modelo de distribuição de derramamento de petróleo utiliza a configuração do modelo apresentada no Quadro 13. A descrição conceptual do modelo de distribuição de derramamento de petróleo é a seguinte;

1. Usando dados de temperatura da superfície, vento, dados actuais, e características de hidrocarbonetos como entrada no modelo de derrame de petróleo (OILMAP) para prever o movimento e a gradação dos hidrocarbonetos;

2. Utilizando uma única trajectória de derrame para prever o contacto provável com o nível do mar e a linha de costa para cada mês de Janeiro a Dezembro;

3. Compilar os resultados da trajectória e determinar a probabilidade de contacto ao nível do mar e da linha de costa, bem como o tempo mínimo que a trajectória do derrame deve percorrer até ao local identificado nas proximidades do local da fonte do derrame.

Quadro 13. Configuração do modelo de distribuição de derramamento de petróleo

Parâmetro	Valor	Unidade	Nota
Partícula da superfície de exposição (Cenário 1)	6	Pixel	
Partícula da superfície de exposição (Cenário 2)	6	Pixel	
Cenário de vento forçado 1 & 2 (Componente U e V)	8.25	Nó	GFS *(Global Foresty system)*
Forçar os cenários actuais 1 & 2 (Componente U e V)	27.7 (1)	Nó	NCEP *(Spatial) Nasional center of environmental prediction)* Hycom (*Hybrid coordinate ocean model)*
Intervalo de tempo de simulação do modelo de cenário 1 & 2 horas	1	Hora	
A duração da simulação do modelo de cenário 1 & 2 horas	7	Dias	Todos os meses ao fazer a simulação

Ponto de origem do derrame de petróleo	122°59'3" (1°25'16")	Leste (Sul)	Cenário 1
Ponto de origem do derrame de petróleo	123°24'3" (1°13'7")	Leste (Sul)	Cenário 2
Volume do derrame de petróleo	700	Ton	Cenários 1 e 2 (acordo internacional para o volume do derrame é de 1/3 do volume total do navio)
Tipo de óleo			*Óleo Combustível Marinho* (MFO)
API	33.7		Cenários 1 e 2
Densidade	0.87	gr/cm^3	Cenários 1 e 2

3.2.2.2. Equação de Modelo

A modelação do derrame foi realizada utilizando o modelo de trajectória no software OILMAP. O modelo simulado no OILMAP calcula o transporte, dispersão, arrastamento e evaporação do óleo derramado ao longo do tempo, com base nas condições oceânicas prevalecentes e nas propriedades físico-químicas do tipo de óleo. Este modelo utiliza as propriedades específicas de cada tipo de petróleo para prever o padrão de distribuição sob diferentes condições. Estas propriedades especiais incluem densidade, viscosidade e tensão superficial que são utilizadas para determinar a dispersão, evaporação, e interacções de arrastamento do óleo. O modelo de previsão global utiliza dados Hycom como um modelo gerador de correntes oceânicas em larga escala, enquanto que o HydroMap é utilizado para contabilizar as correntes de maré na região, para melhor avaliar o potencial contacto com a superfície do mar, que cada derrame é rastreado até uma espessura mínima de superfície de 0,01 m (~0,01 m. g/m2) como uma zona de exposição muito baixa. As partículas lagrangianas (óleo derramado) são transportadas em três dimensões ao longo do tempo. Para cada passo de tempo do modelo, a nova posição vectorial do centro derramado é calculada a partir do antigo mais a soma dos vectores de este-oeste, norte-sul, e os componentes verticais da velocidade difusiva adveniente:

$$Xt=Xt-1 + \mathrm{At}\,(Ut + Dt + Rt + Wt) \qquad (7)$$

Onde:

Xt : A posição do vector no momento t
Xt - 1 : Posição do vector do passo do tempo anterior

Em : Passo temporal

Ut : A soma de todos os componentes da velocidade de avanço em três dimensões no tempo t

Dt : A soma das taxas de difusão aleatória em três dimensões no tempo t

Rt : Aumento ou diminuição da velocidade do vento

Wt : Força do vento de superfície

3.3. Resultados e Discussão

3.3.1. Batimetria

A batimetria em torno das águas do Estreito de Peleng pode ser vista na figura 11. A profundidade das águas em redor do local é de 20 m e é atingida a uma distância de aproximadamente 50-100 m da linha de costa. A uma distância de 100 m da linha de costa, a profundidade do mar é relativamente precipitada com uma profundidade máxima de 700 m. Vários locais em águas costeiras encontraram recifes de coral duro com uma percentagem média de cobertura de 10-45%. A altitude do local da praia varia entre 1-5 m acima do nível do mar. A auto-estrada fica a cerca de 200-500 m da costa, excepto para duas capas que são Tanjung Kanali e Tanjung Uling. Ambas estão a cerca de 500-1000 m da linha de costa (SI, 2012).

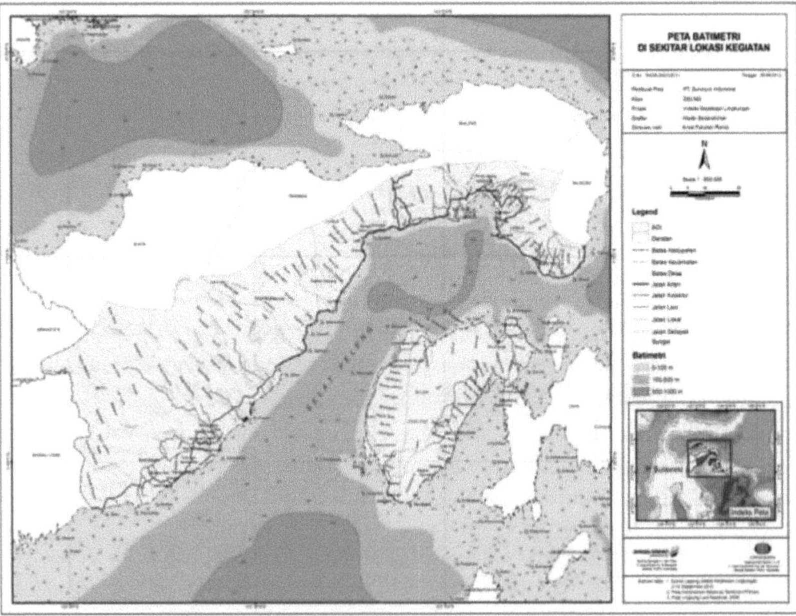

Figura 11. Batimetria em torno das águas das Ilhas Banggai Regency e Banggai.

Tidal

Os resultados das medições das marés no local da doca DSLNG (122°35,630' E e 1°15,104' S) mostram tipos de marés mistas que tendem a ser duplas diariamente. Este tipo de maré é caracterizado por dois picos de maré alta e dois vales de maré baixa de diferentes alturas. Na altura das medições de campo, a amplitude da maré foi registada em cerca de 110 cm (Figura 12), mas durante a maré alta, a amplitude da maré será mais alta (SI, 2012). Gordon e McClean (1999) afirmaram que a propagação diária única da maré na área de estudo tem origem na parte norte do Mar das Molucas que entra no Estreito de Peleng a partir do lado leste do estreito, enquanto a propagação diária dupla da maré na área de estudo tem origem na parte noroeste do Mar da Banda que entra no estreito para a parte sudeste do Estreito de Peleng.

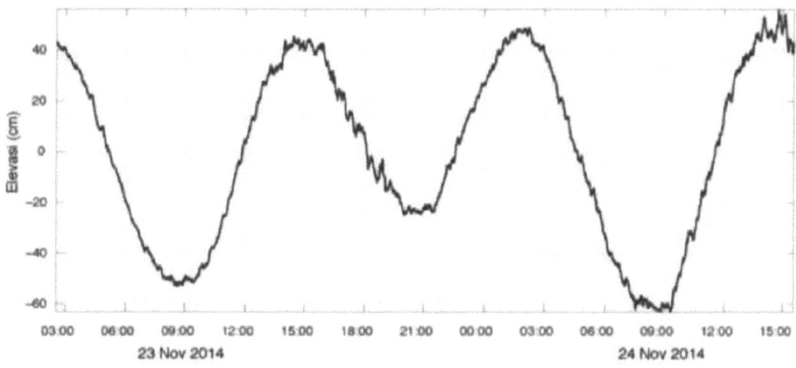

Figura 12. Maré no Estreito de Peleng (122° 36.350' Longitude Este e 1° 28.26'S)

A influência das marés desempenha um papel muito importante na distribuição dos derrames de petróleo e dos seus impactos. A dimensão do derrame de petróleo pode ser calculada pelo valor percentual da área afectada, nomeadamente o comprimento da linha costeira afectada multiplicado pela amplitude da maré dividida pela área da área do mangue.

3.3.3. Actual

A velocidade actual no Estreito de Peleng varia entre 0,2-24 cm/s (Apêndice 2). As correntes superficiais que ocorrem no Estreito de Peleng são correntes de maré que se movem diariamente para trás e para a frente de acordo com o tipo de maré (mistura semidireccional), contudo o padrão de corrente no Estreito de Peleng é fortemente influenciado por correntes provenientes do Mar da Banda. O padrão de corrente dominante no Estreito de Peleng durante todo o ano é sempre em direcção ao norte. De acordo com Rizal et al. (2009), devido à influência dos ventos das monções, as correntes do Mar da Banda deslocar-se-ão em direcção ao Oceano Pacífico através do Mar de Buru, Ilhas Banggai, e Mar de Maluku, algumas das quais entram no Estreito de Peleng em direcção ao norte.

A massa de água do Pacífico Norte (linha ocidental) que entra no Mar de Maluku transformar-se-á no Oceano Pacífico devido à pressão da massa de água do Mar de Banda através das Ilhas Banggai. Arlindo é dominado pelo fluxo de águas subterrâneas com o fluxo mais forte a uma profundidade entre 100 m e 300 m, que é o principal fluxo de massas de água do Oceano Pacífico. Como recebe massas de água (elevado nutriente) do Mar da Banda, nas águas das Ilhas Banggai alguns locais têm zonas de pesca durante todo o ano (Gordon et al., 1994).

3.3.4. Vento e Ondas

As condições das ondas no local do estudo são relativamente pequenas e muito calmas. As ondas são mostradas entre 0,1-0,5 m por volta da tarde. Com base nos dados da Estação Meteorológica do Aeroporto de Bubung para 2000-2004 (dados horários), a velocidade máxima diária do vento varia entre 3-27 nós com a direcção dominante vindo do sul.

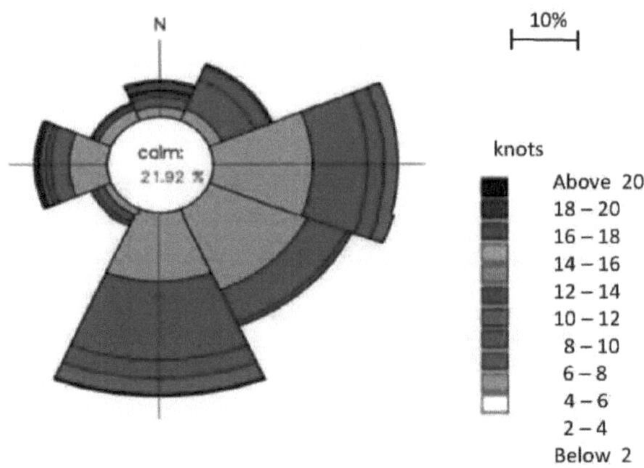

Figura 13. Vento de rosa máximo 2-27 nós

Os dados do vento e do comprimento de arrasto das ondas (fetch) de cada direcção foram calculados com a altura e o período das ondas usando a equação SMB como mencionado acima (SI, 2012). A direcção dominante do vento é de sudeste para noroeste. Os resultados dos cálculos dos dados do vento são representados em forma gráfica sob a forma de rosas de vento, como mostra a Figura 13.

Com base nos resultados dos cálculos, a onda máxima é de 1,5 m durante as monções de leste e sudeste ou ocorre de Abril a Agosto (Figura 14). A figura 14 mostra a direcção das ondas vindas do sul e do sudeste. Com base nos requisitos (OCDI 2002) de tranquilidade da bacia para navios de médio e grande porte, a altura crítica de onda para a carga permitida é de 0,5 m, pelo que é necessário um quebra-mar (SI, 2012).

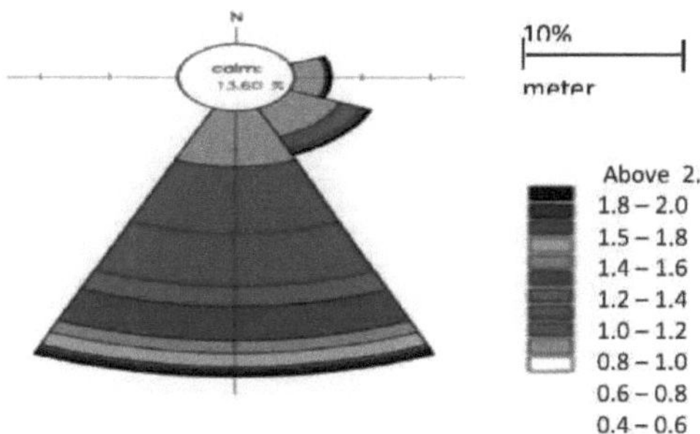

Figura 14. Onda máxima de rosas$_{low\ 0\ \cdot 2}$

3.3.5. Cenário 1 Modelo de Distribuição de Derrame de Petróleo

Os resultados da simulação (modelo) fornecem informações sobre a percentagem da área de mangue afectada pelo derrame de petróleo em cada local de investigação. Os resultados são apresentados sob a forma de um sistema de informação geográfica (mapa) em cada mês do ano. Para analisar o impacto num ano, os dados mensais são agrupados em quatro estações: estação oeste, estação de transição 1, estação este e estação de transição 2.

Os resultados da simulação do modelo podem ser vistos na Figura 15-Figure 18, que são os resultados do modelo do cenário de simulação 1, enquanto que a Figura 19-Figura 22 são os resultados do modelo do cenário de simulação 2. A diferença entre estes cenários está localizada na área de derramamento de petróleo. O derrame de petróleo simulado no cenário 1 está próximo do molhe DSLNG (122°35,630' E e 1°15,104' S), enquanto que o derrame de petróleo simulado no cenário 2 está na boca do Estreito de Peleng (122°36,350' E e 1°28,26' S).

3.3.5.1. Época Oeste

A época ocidental (Novembro-Fevereiro) é fortemente influenciada pelo vento ocidental, pelo que o movimento do derrame de petróleo se dirige para leste (Figura 15). O petróleo espalhar-se-á em direcção ao norte na estreita abertura do Estreito de Peleng, onde uma fina camada de petróleo será lavada em áreas ao longo das praias de Batui, Kintom, e Nambo.

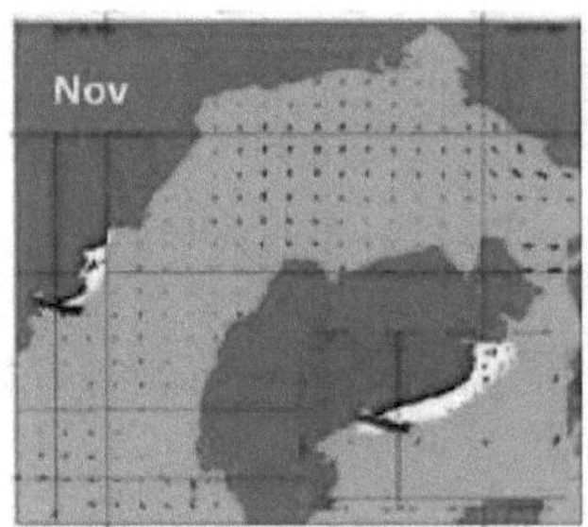

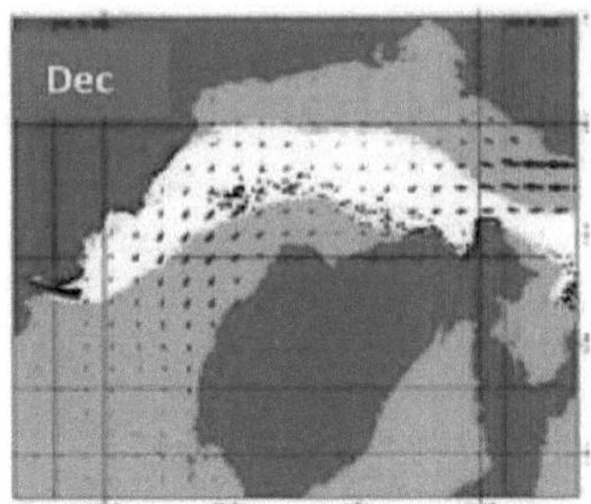

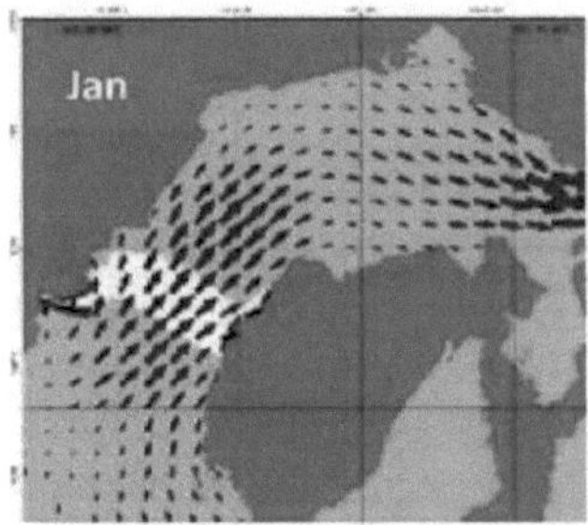

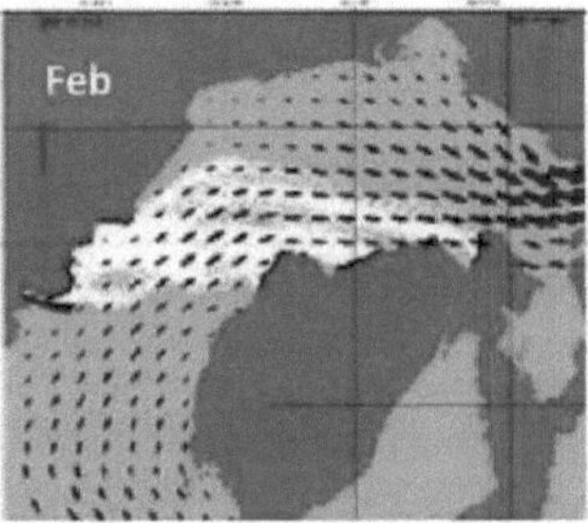

Figura 15. Distribuição do cenário 1 de derramamento de petróleo (estação oeste)

Batui é uma zona de manguezal com critérios danificados (densidade 750 ind/ha). O estado dos manguezais nesta área pode ser considerado bastante sensível. Em caso de derrame de petróleo, é possível que a contaminação dos mangais só seja possível a partir da praia e não do rio, uma vez que a distância é bastante longa. Entretanto, as praias de Kintom e Nambu não são habitat de manguezais, e na realidade são apenas praias de areia e zonas residenciais. O petróleo também se espalha ao norte da Ilha Peleng, precisamente no Distrito de Bulagi. Este local contém um ecossistema de mangais em bom estado com uma densidade total de 1450 ind/ha.

Os efeitos físicos dos derrames de petróleo na estação ocidental são perturbações físicas das plantas porque estão cobertas por petróleo, onde raízes e folhas são de facto partes sensíveis a serem expostas ao petróleo (Lewis e Pryor, 2013). O óleo irá cobrir o mangue nas raízes, caules e folhas (Hoff et al., 2002). O óleo que cobre as lenticelas nas raízes respiratórias (pneumatóforos) pode inibir as trocas gasosas de modo a causar perturbações físicas e prejudicar as funções fisiológicas das plantas do mangue, resultando na morte dos mangais (Boer, 1993). A camada de óleo também pode interferir com a troca de sal em folhas e raízes submersas (Boer, 1993; ver também Hoff et al., 2002).

Os hidrocarbonetos aromáticos são o principal componente da mistura de óleo que pode danificar as membranas celulares sob a superfície da raiz. A perturbação dos mecanismos de transporte iónico nas raízes dos mangais pela proporção de iões de sódio e potássio nas folhas foi identificada como a causa do stress induzido pelo óleo nos mangais no derrame de Zoe Colocotronis em Porto Rico em 1973 (Page et al., 1985).

3.3.5.2. Época de transição 1

Durante a estação de transição 1 (Março-Abril) (Gordon e McClean, 1999) os ventos tenderam a flutuar e não apenas de uma direcção. Nesta estação, o vento dominante sopra do norte e sudoeste, de modo que a distribuição de petróleo avança para o sudeste ou para a Ilha de Peleng, como mostra a figura 16.

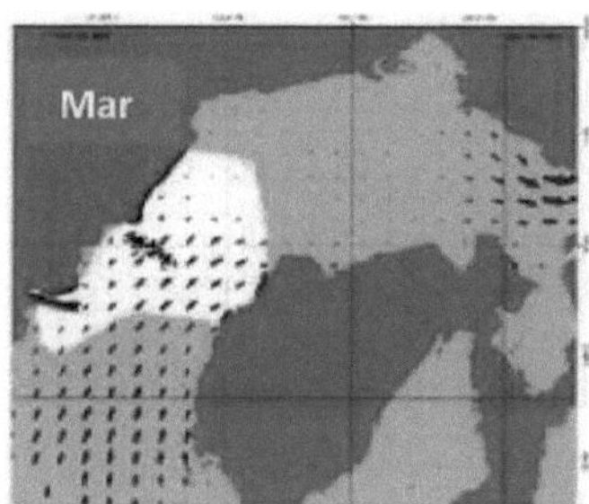

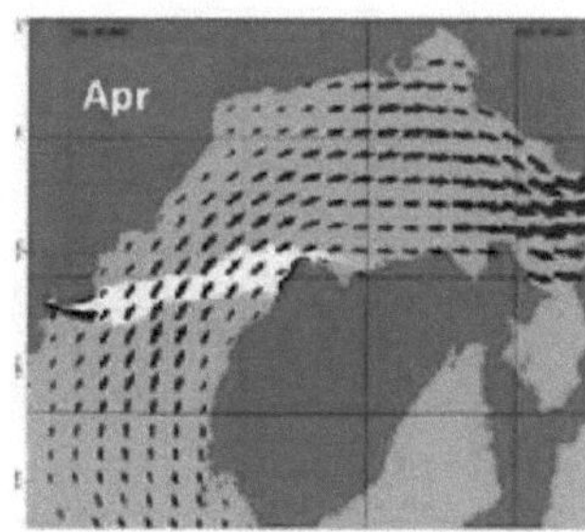

Figura 16. Distribuição do cenário 1 de derramamento de petróleo (estação de transição 1)

No início da Temporada de Transição 1, o petróleo espalhar-se-á para leste ao longo da Costa de Banggai, mas a sua distribuição é limitada, pelo que não chega à cidade de Luwuk. Entretanto, uma fina camada de petróleo será lavada ao longo das praias de Batui, Kintom, e Nambo. Neste local, apenas Batui tem áreas de mangue com critérios danificados. Durante a Estação de Transição 1, o petróleo também se espalha em direcção à Ilha Peleng, precisamente no Distrito de Buko. Este local está incluído na categoria média com um valor de densidade de 7 ind/100 m2 e só foi encontrado um tipo de mangue que é *Rhizopora sp.* No entanto, o mangue é muito facilmente poluído no caso de um derrame de petróleo, uma vez que está a apenas 10 m do rio e 50 m da intrusão da água do mar.

Os mangais derramados podem mostrar diferenças nas taxas de crescimento ou alterações no tempo ou nas estratégias reprodutivas. Os mangais podem também desenvolver adaptações morfológicas para ajudar a sobreviver às consequências físicas ou químicas da contaminação por resíduos de óleo. Tais modificações podem exigir despesas adicionais de energia, o que poderia reduzir a capacidade do mangue de resistir a outras tensões não relacionadas com o derramamento que possa encontrar. Uma consequência da complexa estrutura física e habitat criados pelos mangais é que o óleo derramado no ambiente é muito difícil de limpar. Os desafios e custos de o fazer, bem como a localização remota de muitos ecossistemas de mangais, significam frequentemente que as áreas de mangais afectadas por derrames de petróleo não podem ser recuperadas. Isto, por sua vez, pode expor árvores e outros componentes da comunidade dos mangais à libertação crónica de petróleo à medida que o petróleo é lentamente libertado do substrato, especialmente onde os solos ricos em matéria orgânica estão fortemente expostos a derrames de petróleo (Hoff et al., 2014).

3.3.5.3. Época Leste

A distribuição de derrames de petróleo na monção oriental (Maio-Agosto) (Gordon e McClean, 1999) é fortemente influenciada pelo vento oriental, de modo que o movimento do derrame de petróleo se move em direcção ao noroeste (Figura 17).

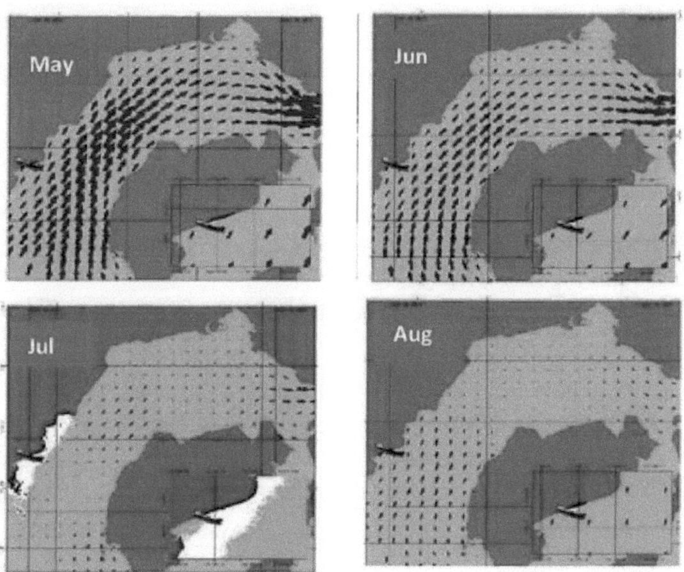

Figura 17. Distribuição do derrame de petróleo no cenário 1 (Época Leste)

3.3.5.4. Época de transição 2

Na estação de transição 2 (Setembro-Outubro) (Gordon e McClean, 1999) a influência da monção ocidental começou a ser vista, assim como a presença de ventos de oeste, de modo que a distribuição de petróleo se deslocou para leste (Figura 18).

Uma fina camada de petróleo começou a espalhar-se para leste ao longo da costa de Banggai em direcção ao norte, mas era de distribuição limitada para que não chegasse à cidade de Luwuk, onde uma fina camada de petróleo seria lavada ao longo das praias de Batui e Kintom (que não são habitats de mangais). Este local é ao mesmo tempo uma praia arenosa e uma zona residencial.

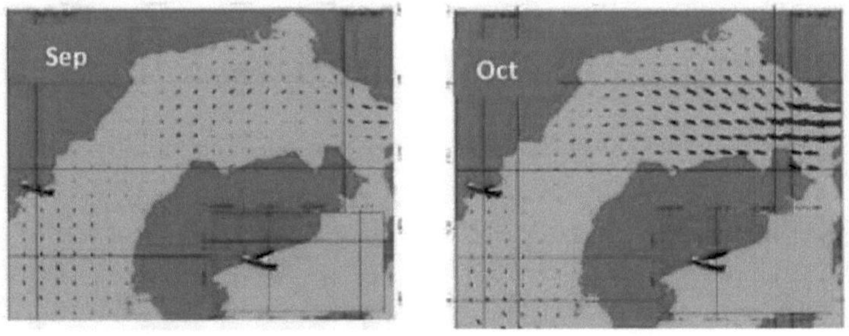

Figura 18. Distribuição do derrame de petróleo no cenário 1 (estação de transição 2)

3.3.5. Cenário 2 Modelo de Distribuição de Derrame de Petróleo

3.3.6.I. Época Oeste

A distribuição dos derrames de petróleo na época ocidental é apresentada na Figura 19 (Novembro-Fevereiro).

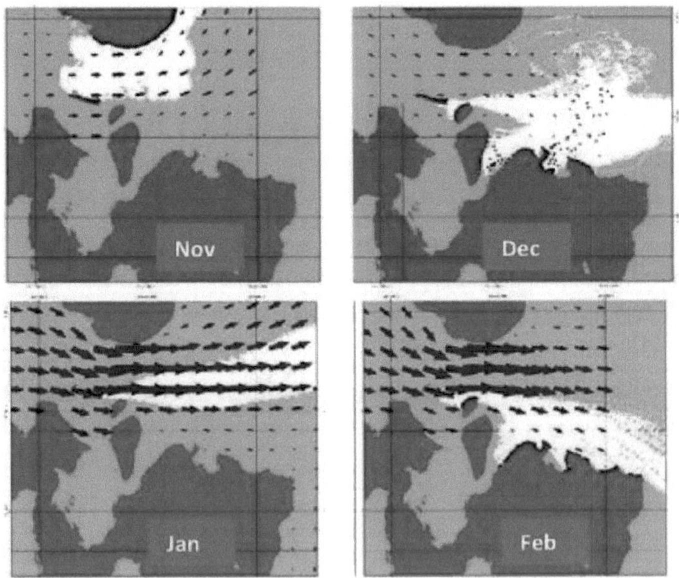

Figura 19. Distribuição do derrame de petróleo no cenário 2 (estação oeste)

A distribuição do derrame de petróleo é fortemente influenciada pelo vento de oeste, de modo que o derrame de petróleo se desloca para leste em direcção ao Mar de Maluku, enquanto uma fina camada é encalhada à volta da costa das Ilhas Banggai em Novembro e o petróleo se espalhará para leste até à estreita fenda do Estreito de Peleng antes de acabar encalhado na parte norte das Ilhas Banggai (Dezembro-Fevereiro). Este local é uma área de areia rochosa e não há nenhum rio a correr.

3.3.6.2. Época de transição 1

Na estação de transição 1 que é apresentada na figura 20 (Março-Abril), a influência da estação ocidental começa a diminuir e há pressão do vento leste, de modo que a distribuição de petróleo fica presa na foz da abertura estreita do Estreito de Peleng, e algumas camadas ficam encalhadas na ponta das Ilhas Banggai.

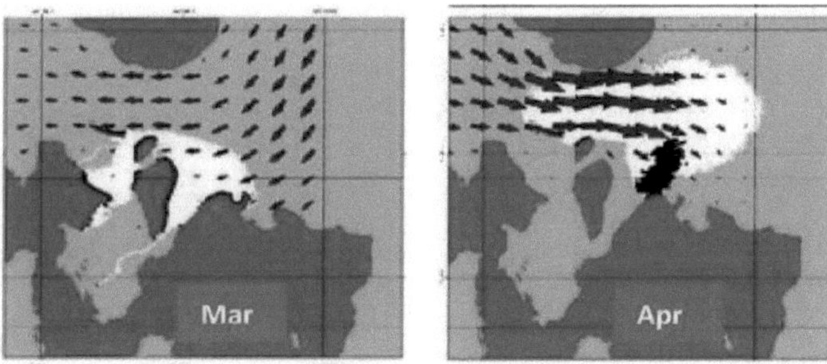

Figura 20. Distribuição do derrame de petróleo no cenário 2 (estação de transição 1)

O petróleo virar-se-á para se espalhar em direcção à ponta das Ilhas Banggai e a maior parte acabará na costa coberta de mangais. Em Abril, a propagação do petróleo foi apanhada na boca da estreita abertura do Estreito de Peleng e alguma da fina camada de petróleo espalhou-se para o Mar de Maluku.

3.3.6.3. Época Leste

Na estação oriental (mês seco) que é apresentada na figura 21, nomeadamente em Maio-Agosto, ainda é influenciada por fortes correntes ocidentais do Estreito de Peleng, de modo que o movimento do derrame de petróleo se desloca para o norte.

Nesta estação oriental, o petróleo tende a espalhar-se para norte, embora haja uma pressão da corrente oriental em Setembro a entrar no Estreito de Peleng, de que uma espessa camada de petróleo se espalha na boca do Estreito de Peleng. Excepto em Julho e Setembro, quando muito petróleo é arrastado para a costa da praia de Bualemo, que se encontra coberta de mangais. O sub-distrito de Bualemo está incluído na categoria com um nível de sensibilidade moderado com uma densidade de mangue bastante boa de 17 ind/100 m2, pelo que tem um valor de conservação da variável densidade a um nível de sensibilidade bastante sensível. A distância dos mangais do rio é de 30 m e a distância dos mangais da intrusão da água do mar a partir da linha de costa é de 100 m. Quando mostrados a partir da distância do rio, os mangais nesta área não são sensíveis a derrames de petróleo transportados através do rio. No entanto, os mangais são muito sensíveis quando vistos a partir da linha de costa, de modo que se ocorrer um derrame de petróleo, os mangais serão facilmente contaminados.

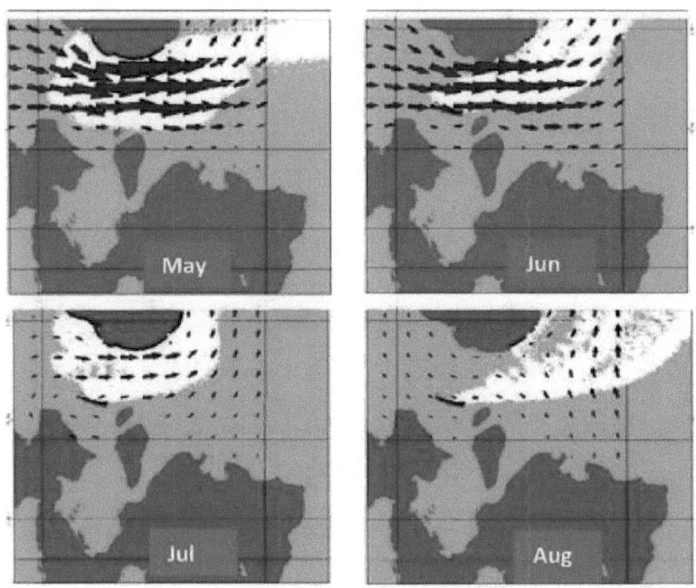

Figura 21. Distribuição do derrame de petróleo no cenário 2 (época oriental)

O impacto do petróleo quando ligado a folhas de mangue é explicado por Hoff et al. (2014) sob a forma de distúrbios na troca de sal. Hutchinson e Heliebust (1974) observaram que o *Ledium palustre,* que tem uma cutícula fina, desaparece após a exposição ao óleo e que, por outro lado, espécies vegetais com cutícula grossa e poucos estômagos são bastante tolerantes. Fisiologicamente, o óleo irá afectar o processo de transpiração, respiração, e fotossíntese. Vários processos fisiológicos nas plantas, tais como a transpiração (reduzida devido a perturbações físicas), respiração (reduzida ou aumentada), e fotossíntese (reduzida) como resultado de ser afectada pela contaminação.

Um estudo de monitorização conduzido na Austrália após o derrame da Era em 1992 encontrou um conjunto consistente de respostas dos mangais incluindo manchas nas folhas, clorose, morte das folhas, e desfoliação completa. Três meses após a remoção do óleo, a desfoliação dos mangais tinha começado e muitos mangais tinham morrido. A extensão em que os mangais foram danificados e recuperados dos danos causados pelo derrame foi correlacionada com as concentrações de óleo (Wardrop et al., 1996; Hoff et al., 2014).

Em dois casos de mangues, a aparente resposta a um derrame de petróleo pode ser vista a partir do enrolamento ou amarelamento das folhas, como no caso dos derrames da Era e da Bahia las Minas. Os mangues podem persistir durante algum tempo, dependendo da natureza da exposição. É possível recuperar para produzir o crescimento das folhas, mas os mangais podem sobreviver dependendo da natureza da exposição (Hoff et al., 2014).

3.3.6.4. Época de transição 2

Na estação de transição 2 que é apresentada na figura 22 (Setembro- Outubro), a influência da monção ocidental começa a ser vista e há pressão do vento ocidental, de modo que a distribuição de petróleo volta para o leste.

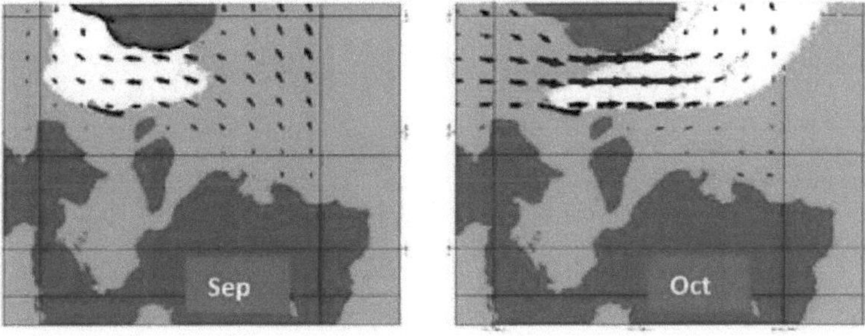

Figura 22. Distribuição do derrame de petróleo no cenário 2 (estação de transição 2)

Uma fina camada de petróleo começa a espalhar-se para leste ao longo da costa do Distrito de Balantak até Bualemo, onde uma fina camada de petróleo será lavada ao longo da costa de Bualemo. Em locais onde se encontram muitos mangais, terá um impacto suficientemente grande se muitas camadas de petróleo ficarem encalhadas no ecossistema dos mangais. Os mangais no Sub-Distrito de Balantak são também categorizados como moderadamente sensíveis. A densidade dos mangais nesta área é de 32 ind/100 m2. A distância entre o mangue e o rio é de 30 m, distância que é suficiente para que seja improvável que o mangue seja poluído do rio em caso de derrame de petróleo. Entretanto, a distância para a intrusão de água do mar é bastante próxima, nomeadamente 100 m. A distância próxima causa a poluição dos mangais em caso de derrame de petróleo. Cerca de 57% das pessoas no sub-distrito utilizam o ecossistema dos manguezais, ambos como local de procura de caranguejos. A elevada compreensão da comunidade local sobre o papel do ecossistema dos mangais levou a que a comunidade local tomasse consciência de preservar o ecossistema dos mangais. Embora os mangais no sub-distrito de Balantak não tenham qualquer valor cultural, as regras que regem a preservação do ecossistema dos mangais foram implementadas nesta área.

3.4. Conclusão

A distribuição do derrame de petróleo resultante do modelo de simulação é influenciada pelas características das águas em torno das Ilhas Banggai Regency e Banggai. A distribuição de petróleo que ocorre no cenário 1 e no cenário 2 desloca-se predominantemente para norte todos os meses. Isto está de acordo com a direcção do vento que se move a partir do sul. Isto mostra que a corrente é mais dominante do que a influência das marés. No cenário 1, muito petróleo está encalhado nas Ilhas Banggai (Distrito de Bulagi), o que ocorre na estação oeste. No cenário 2, muito petróleo está encalhado em Banggai Regency, nomeadamente nos distritos de Lamala, Balantak e Bualemo, que ocorre na época de transição 2 (dois).

4. VALORIZAÇÕES ECONÓMICAS DO MANGUE

4.1. Introdução

As águas indonésias são uma rota estratégica de transporte onde 70% das mercadorias transportam através delas. Partindo dos mares da Europa, Médio Oriente e Sul da Ásia, para a região do Pacífico e vice versa (Pardosi, 2016). Embora esta posição estratégica seja rentável, tem também um impacto negativo na possibilidade de um derrame de petróleo. Alguns exemplos de casos que ocorreram são o derrame de petróleo do navio Choya Maru em Buleleng Bali em 1979, a colisão com o navio Orapin Global com o petroleiro Eivokos no Estreito de Singapura em 1997, e a explosão do navio MV Fu Yuan Fu F66 na baía de Ambon em 2005 (JICA-Dephub, 2002; Helut 2005). O maior derrame de petróleo foi registado em 2005, com um total de 14.350 barris de petróleo derramados em locais a montante e a jusante (KESDM, 2016), para além de derrames de petróleo também provenientes de actividades de perfuração petrolífera offshore. Um exemplo de um caso que ainda hoje constitui um problema é o caso do derrame de petróleo de Montara nas águas do Mar de Timor em 2009. Embora a localização do derrame de petróleo seja na ZEE australiana, o impacto é sentido em território indonésio em 8 distritos na província de Nusa Tenggara Oriental (Meinarni, 2016). O governo indonésio reclama danos ambientais devido ao derrame de petróleo de cerca de 21,6 triliões de rupias. Infelizmente, a queixa foi rejeitada pela PT TEP Australasia, uma vez que não foi apoiada por dados suficientes.

As regências das Ilhas Banggai e Banggai têm ecossistemas diversos e outro potencial, nomeadamente como produtor de níquel específico de minas que se encontra na fase de exploração - e também de gás nos blocos Matindok e Senoro (BPS Kabupaten Banggai, 2016). A existência de um plano de exploração de gás nas áreas de Matindok e Senoro, bem como a emissão de uma Autorização de Exploração de Estanho (KP) nesta área pode fornecer uma visão geral do crescimento económico crescente da região das Ilhas Banggai. Este crescimento económico terá um impacto na crescente taxa de transporte, especialmente o transporte marítimo. O aumento da taxa de transporte de petroleiros tem o potencial de causar degradação ambiental sob a forma de poluição por águas residuais produzidas, água de lastro, e eventos indesejados tais como acidentes no armazenamento de petróleo e gás, colisões de petroleiros transportando petróleo, e fugas/quebras de tubagens (braço de carga). Se o desastre ocorrer, terá o potencial de causar danos nos ecossistemas costeiros, especialmente no ecossistema dos manguezais. A elevada condição de ser propenso a derrames de petróleo resultou na importância de desenvolver uma política e um mecanismo que permita a sua execução rápida, precisa e organizada no tratamento de derrames de petróleo no mar e dos impactos ambientais que possam ocorrer. Um deles é conhecer o valor dos danos causados ao ecossistema dos mangais contaminados, para que quando ocorrer um derrame de petróleo, se possa apresentar um pedido de compensação, especialmente para actividades de restauração ambiental do ecossistema dos mangais que foi afectado pelo derrame de petróleo nas zonas costeiras das Ilhas Banggai Regency e Banggai.

O valor deste recurso do ecossistema do mangue pode ser classificado com base em vários grupos. Davis and Johnson (1987) classificam o valor com base no método de avaliação ou determinação do valor realizado, nomeadamente: (a) valor de mercado, especificamente o valor determinado através de transacções de mercado, (b) valor de utilidade, especificamente o valor obtido a partir da utilização destes recursos por determinados valores individuais, e (c) valores sociais, especificamente valores determinados através de regulamentos, leis, ou representantes da comunidade. Entretanto, Pearce (1992) faz uma classificação dos valores de utilização que descreve o Valor Económico Total (TEV) ou o valor económico total com base na forma ou processo em que os usos são obtidos (Figura 23).

Malik at el. (2015) calcula e compara os valores económicos dos ecossistemas de mangais com o valor de conversão dos ecossistemas de mangais para terras de aquicultura em Sulawesi do Sul. Os resultados do estudo declararam que o TEV do ecossistema de mangais no Distrito de Takalar, Sulawesi Sul estava na ordem dos 4.000-8.000 USD/ha com o valor de contribuição mais elevado proveniente do valor de Utilização indirecta (94%), enquanto a aquacultura comercial tinha um valor de utilização líquida de 3 USD/ha. O valor de comparação mostra que a conversão de mangais em pescarias comerciais não é económica.

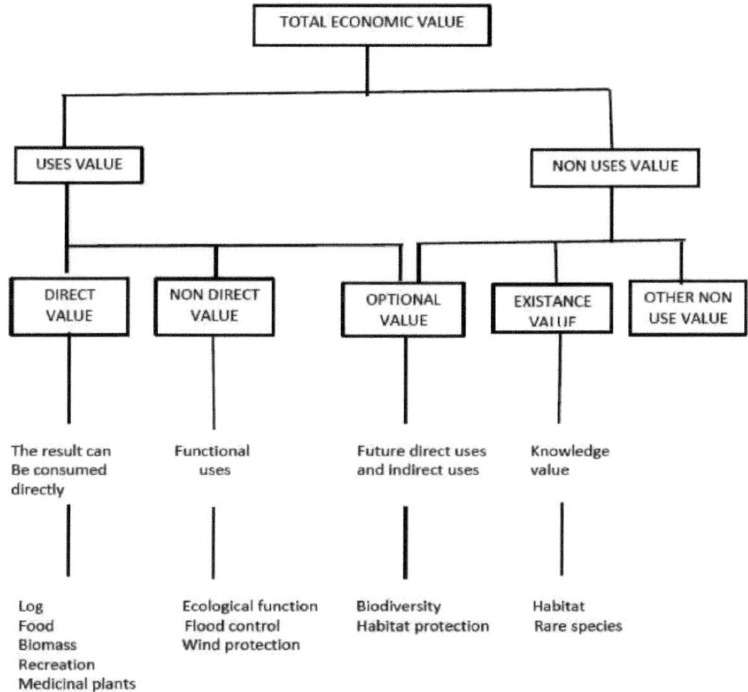

Figura 23. Valor económico total dos recursos de mangais (Pearce 1992)

4.2. Método

4.2.1. Material

Os materiais utilizados no cálculo do valor dos danos nos ecossistemas de mangais devido a derrames de petróleo incluem questionários utilizados em inquéritos socioeconómicos com método de amostragem propositado com um total de 81 respondentes. Além disso, foi também realizado um inquérito de campo para recolher dados sobre variáveis de valor económico dos ecossistemas de mangais em redor da Regência de Banggai e do Arquipélago de Banggai. Os dados dinâmicos e estáticos da monografia da aldeia que inclui dados da população (cartão de família, número de pessoas) são dados secundários recolhidos da aldeia local para completar o cálculo do valor económico.

4.2.2. Método de análise

4.2.2.1. Avaliação Económica do Ecossistema de Manguezais

A avaliação económica dos recursos dos ecossistemas de mangais ou valor económico total (TEV) é calculada a partir da soma do valor económico baseado na utilização, que inclui valor directo, valor indirecto, e valor de opção (Sambu e Rahmi, 2014). O seguinte é o método de análise para a avaliação económica dos ecossistemas de mangais:

$$TEV = (DUV + IUV + OV) \dots\dots\dots\dots\dots\dots\dots\dots \quad (8)$$

Onde:

Valor Económico Total (TEV): Medido em terminologia como uma vontade de pagar (ETA).

Valor de Utilização Directa (DUV): Bens e serviços fornecidos por um recurso que pode ser utilizado directamente.

Valor de Utilização Indirecta (IUV): O valor é derivado dos bens e serviços fornecidos pelos recursos naturais que podem ser utilizados indirectamente.

Valor da opção (OV): Valor potencial directo ou indirecto de um recurso natural que pode ser utilizado no futuro, assumindo que o recurso não é destruído ou permanentemente danificado.

4.2.2.1.1. Valor de Utilização Directa

No cálculo do valor das Utilizações directas, são utilizados vários parâmetros, incluindo o valor das Utilizações como lenha, o valor das Utilizações de peixe, o valor das Utilizações de caranguejo e o valor das Utilizações de marisco. Com base nos resultados do questionário, apenas o valor dos Usos da lenha e o valor dos Usos dos caranguejos foram calculados nesta avaliação económica. Os resultados do questionário mostram que, para além destes dois parâmetros, não existe valor de compra e venda ou não é utilizado pelas pessoas que vivem em torno do ecossistema dos mangais. Seguem-se os resultados do questionário da avaliação directa da Utilização (Quadro 14).

Quadro 14. Parâmetros de utilização directa do valor

Não.	Parâmetro	Valor de uso	
		Ter	Nenhum
1.	Toros de madeira	V	
2.	Lenha		V
3.	Caranguejo	V	
4.	Peixes		V
5.	Amêijoa		V

O valor de utilização directa do valor de Utilização de toros de madeira é calculado com base nos dados da floresta, densidade da madeira e diâmetro, depois os dados foram analisados com base nas instruções de Wantasen (2002), como se segue:

Use Wood Log Value = (V x total) x preço/m^3 .... (9)

$$V = \pi r\, t^2 \qquad (10)$$

Onde:

V = Volume (m3)

π = 3.14 r = Raio

t = Altura (m) Usar valor de caranguejo

O valor da Utilização é calculado com base na quantidade de capturas de caranguejo por ano multiplicada pelo preço de venda.

Usar valor de caranguejo = (T x H) - B ($ / ha / yr)........................... (11)

Onde:

T = Caranguejo apanhado (kg / ha / yr)

H = Preço de venda ($ / kg)

B = Wesel operacional ($)

4.2.2.2. Valor de Utilização Indirecta

4.2.2.2.1. Usos da Biologia

Utilizações indirectas dos ecossistemas de mangais onde os peixes em desova (zona de desova) e as Utilizações Iniciais (preço) multiplicadas pelo número de capturas em cerca de mangais reduzem o investimento e o dinheiro operacional (assumindo que as funções das iniciais são distribuídas uniformemente). O cálculo do valor em

Utilização não inclui as iniciais do peixe ao largo que são consideradas como não utilizando zero funções florestais.

Use Biology Value = (T x H) - B ($ / ha / yr) .... (11)

T = Peixe pescado (kg / ha / yr)

H = Preço de venda ($ / kg)

B = Wesel operacional ($)

4.2.2.2.2. Usos Físicos

Os ecossistemas de mangue também servem de protectores da costa contra as ondas oceânicas. O valor dos Usos iniciais é calculado através da abordagem de fabrico de betão, o que equivale à função das florestas de mangais como abrasão de ancoragem. De acordo com o Candy PUPR No. 28 ano 2016, para criar um quebra-mar com um edifício do tamanho de 150 m de comprimento, 20 m de largura e 5 m de altura, com uma durabilidade de 10 anos, o custo necessário ascende a aproximadamente USD $20.865 ou aproximadamente USD $1.391 por metro. Este número é multiplicado pelo comprimento da linha costeira, depois pode ser calculado com a seguinte fórmula:

$$\textit{Valor de Uso da Função Física} = \frac{B \times PGP}{10\ (USD/ha/thn)} \quad (13)$$

B = Padrão de betão wesel ($)

PGP = Linha costeira (m)

Dt = Durabilidade (yr)

4.2.2.2.3. Valor da opção

O valor das opções de utilização pode ser conhecido através da utilização do método directo. Valorizar os resultados da investigação das opções de utilização (Ruintenbeek, 1992). § Os impostos US$ 1.500/km2 /ano também podem servir como ponto de referência, assumindo que o funcionamento ecológico dos mangais é importante e continuará a ser preservado.

Valor nominal os usos da biodiversidade = US $ ha/ano x Florestas extensivas de mangues x Rupias

Troca por dólar.

4.3. Resultado e Discussão

4.3.1. Utilização directa

O valor de Utilização directa é o valor económico obtido a partir da utilização directa de um recurso ou ecossistema, tal como o valor das Utilizações da pesca, madeira de mangue, e material genético. Neste estudo, o valor de Utilização directa calculado consistiu no valor da utilização da madeira de mangais para materiais (o valor da utilização da madeira) e o valor da utilização dos mangais como habitat de caranguejo (o valor da utilização de caranguejos).

O valor dos usos dos mangues como lenha não é calculado, uma vez que as pessoas os utilizam apenas para as necessidades domésticas e não para venda. Além disso, o valor dos Usos da madeira é calculado apenas para *Rhizophora sp.,* porque apenas estes tipos são utilizados pela comunidade. Este valor é obtido multiplicando o volume do tronco da *Rhizophora sp.* com o preço de venda da madeira, que é aproximadamente 25 USD/m3. O valor das utilizações da madeira é diferente em cada sub-distrito, dependendo do volume de madeira *Rhizophora sp.* de propriedade da comunidade. O Sub-distrito de Balantak tem o valor mais alto de Utilizações de madeira, que é aproximadamente USD $96,437/ano, enquanto que no Sub-distrito de East Luwuk não tem o valor de Utilizações de madeira porque não há *Rhizophora sp.* na área, isto é presumivelmente porque o substrato no Sub-distrito de East Luwuk não suporta a espécie *Rhizophora sp.* mangrove. Para poder crescer e viver este resultado é apoiado por Darmadi (2012) que afirma que as características do substrato são um factor limitativo para a vida dos mangais. O valor total de Utilização dos toros dos nove sub-distritos é de USD $416,237/ano (Quadro 18), sendo a área do ecossistema dos mangais na costa de Banggai Regency e das Ilhas Banggai de 107 ha (Putranto et al., 2017).

O valor das utilizações dos caranguejos é obtido multiplicando o número de capturas de caranguejo num ano pelo preço de venda por quilograma (aproximadamente $2,8 USD) menos os custos operacionais da captura do peixe num ano. O grande número de capturas de caranguejo e o montante dos custos operacionais foram obtidos a partir de entrevistas com as comunidades que procuram caranguejos. O número de capturas de caranguejo e os custos operacionais variam em cada sub-distrito, dependendo do número de pescadores e da produtividade do caranguejo. O valor mais alto de utilizações de caranguejo encontra-se no Distrito de Bualemo, que é de aproximadamente 2.320 USD/ano, enquanto o mais baixo se encontra no Sub-Distrito de Bulagi, que é de aproximadamente 617 USD/ano. O elevado valor das Utilizações de caranguejos no sub-distrito deve-se ao facto de ter a área de mangais mais extensa, que é de 25 ha, com as espécies de mangais *Rhizophora sp.,* e *Bruguiera* onde Redjeki

(2013) declarou que a abundância de organismos foi encontrada muito elevada na espécie de mangais *Rhizophora sp., em* comparação com outras espécies. O baixo valor da utilização de caranguejos no sub-distrito de Bulagi deve-se à falta de utilização óptima da comunidade local na utilização do ecossistema dos manguezais como local para encontrar caranguejos. O valor total das Utilizações de caranguejo dos nove sub-distritos é de aproximadamente USD $10,107/ano (Tabela 15).

Quadro 15. Cálculo do valor económico dos ecossistemas de mangais com base em Utilizações directas (por ano).

Distrito	Valor de Utilização Directa	
	Valor de Uso de Registo (USD)	Valor de uso de caranguejo (USD)
1. Batuí do Sul	72,857	812
2. Batui	2,252	759
3. Luwuk Oriental	0	731
4. Masama	5,275	1,194
5. Lamala	66,693	1,440
6. Balantak	96,437	887
7. Bualemo	83,897	2,320
8. Bulagi	43,987	617
9. Buko	44,839	1,347
Total (USD/ano)	416,237	10,107

4.3.2. Usos Indirectos

Os Usos Indirectos são valores que são indirectamente sentidos nos bens e serviços produzidos pelos recursos e pelo ambiente. Os Usos indirectos dos ecossistemas de mangais são resistentes à abrasão costeira e fornecedores de material orgânico para os organismos que neles vivem (Kathiresan e Bingham, 2001). O ecossistema dos manguezais é um ecossistema fértil, porque fornece nutrientes ao ambiente. Os nutrientes são então utilizados pelo plâncton para o processo de fotossíntese, de modo a que as águas tenham uma elevada produtividade primária. Isto faz com que a abundância de organismos a nível trófico na cadeia alimentar seja também elevada. A disponibilidade de plâncton e bentos nestas águas é alimento para os peixes. Os peixes utilizam os ecossistemas aquáticos de mangais como áreas para a alimentação, desova e criação (Nybakken, 1992; Bengen, 2004; Giesen et al., 2006). Biologicamente, os mangais têm alto valor ecológico para apoiar a sustentabilidade dos ecossistemas aquáticos.

O valor das Utilizações biológicas é obtido multiplicando o número de peixes capturados num ano pelo preço de venda por quilograma (aproximadamente $2 USD) menos os custos operacionais de captura do peixe num ano. A captura de peixe calculada é a pesca em torno do ecossistema dos mangais utilizando varas e redes de pesca (sero). O valor biológico mais elevado é encontrado no Distrito de Buko, que é aproximadamente USD $2,305/ano, influenciado pelo tipo de manguezal *Rhizophora mucronata* (encontrado com a maior frequência). O valor mais baixo de Utilização biológica encontra-se no Distrito de Masama, que é de aproximadamente USD $922/ano. O valor total de utilizações biológicas nos nove sub-distritos é de aproximadamente USD $14,193/ano (Quadro 16). A existência de mangais afecta grandemente a produtividade da pesca marinha. De acordo com Anneboina e Kumar (2017), o efeito marginal dos mangais no rendimento total dos peixes marinhos é de 1,86 toneladas/ha por ano.

Quadro 16. Cálculo do valor económico dos ecossistemas de mangais com base em Utilizações indirectas (por ano)

Distrito	Valor de Utilização Indirecta	
	Valor de Uso de Biologia (USD)	Valor de Uso Físico (USD)
1. Batuí do Sul	1,473	69,551
2. Batui	1,069	27,820
3. Luwuk Oriental	1,635	347,755
4. Masama	922	139,102
5. Lamala	1,431	104,326
6. Balantak	1,606	104,326
7. Bualemo	1,872	173,877
8. Bulagi	1,880	139,102
9. Buko	2,305	69,551
Total (USD/ano)	14,193	1,175,410

Os ecossistemas de mangue têm utilizações indirectas como barreira natural, estabilizam sedimentos finos, e previnem a erosão costeira. Os mangais também podem reduzir os efeitos de tempestades e cheias de maré, manter a qualidade da água e apoiar vários tipos de vida selvagem (Vo et al., 2012). A utilização física indirecta do ecossistema dos manguezais é como uma barreira de abrasão que é estimada através de custos de substituição por quebra-mares de construção. De acordo com o Ministro das Obras Públicas e Habitação Pública n.º 28 de 2016, para construir um quebra-mar com um comprimento de 150 m, largura de 20 m, e uma altura de 5 m com uma durabilidade de 20 anos, foi necessário um custo de aproximadamente USD

$208.653 ou cerca de USD $1.391. O comprimento da linha costeira em Banggai Regency e Banggai Archipelago que é protegido por mangais é de 16.900 m, pelo que os custos incorridos para substituir a função física do ecossistema dos mangais como quebra-mar (valor de Utilização física) durante 20 anos são de aproximadamente USD $23.508.277 ou USD $1.175.410/ano (Quadro 16).

Usos opcionais

O uso opcional é um valor que indica a vontade de uma pessoa de pagar para preservar o ecossistema do mangue para uso futuro (Setyowati et al., 2016). Os Usos de escolha nos ecossistemas de mangais na costa das Ilhas Banggai Regency e Banggai podem ser determinados utilizando o método de transferência de Uso, nomeadamente avaliando os Usos estimados a partir de outros locais (onde os recursos estão disponíveis), depois estes Usos são transferidos para obter uma estimativa aproximada dos Usos a partir do ambiente. Este método é abordado através do cálculo das Utilizações da biodiversidade que existem nesta área de mangais. De acordo com Ruitenbeek (1992), o ecossistema de mangais da Indonésia tem um valor de biodiversidade de 1.500 dólares/km2 ou 15 dólares/ha/ano. Este valor pode ser utilizado em todos os ecossistemas de mangais em toda a Indonésia se o ecossistema de mangais for ecologicamente importante e mantido naturalmente. O valor total desta utilização da biodiversidade é obtido multiplicando o valor dos Usos, que é de US$ 15/ha por ano e a taxa de câmbio da rupia em relação ao dólar americano, que é o Rp. 13,300, - (em Janeiro de 2017) com a área total do ecossistema de mangais existente (cobrindo especificamente uma área de 107 ha), de modo a obter um valor de Rp. 21,346,500, - /ano.

Valor Económico Total (TEV)

O TEV é obtido pela soma de todos os componentes dos Usos do mangrove que são Usos directos, Usos indirectos, e Usos opcionais. O TEV neste estudo é de aproximadamente USD $1,617,475/ano ou USD $15,116/ha por ano. O TEV mais elevado encontra-se no Distrito de Luwuk Oriental, que é aproximadamente USD $350,336/ano e o mais baixo no Distrito de Batui, que é aproximadamente USD $31,929/ano (Tabela 18). O Distrito de East Luwuk tem um ecossistema de mangais em estado danificado, mas o seu valor de utilização é elevado. O elevado valor de TEV no distrito de East Luwuk deve-se à longa linha costeira no sub-distrito, que é sobrepovoada de ecossistemas de mangais, de modo a estar protegida da abrasão. Este resultado é diferente da investigação feita por Zulkarnaini e Mariana (2016) que calcula o valor de avaliação económica dos mangais no estuário do Indragiri, identificando os Usos e funções dos recursos dos ecossistemas de mangais através de aspectos de valor de Uso directo, opção Valor de Uso, e Usos de existência.

Com base nos resultados do questionário distribuído, indica uma estimativa de TEV para ecossistemas de mangais de cerca de USD $11.180.249 dólares por ano ou USD $459.449/ha por ano. Esta diferença indica que cada local ou área com um número diferente de espécies de mangais e densidades populacionais resultará em diferentes cálculos de valor económico.

Quadro 17. Cálculo do valor da utilização de ecossistemas de mangais no local da investigação (por ano)

Distrito	DUV		IUV		OV	TEV
	Valor de Utilização de Registo	Valor de uso do caranguejo	Valor de Uso de Biologia	Valor de Uso Físico		
Batui Selatan	72,857	812	1,473	69,551	142	144,837
Batui	2,252	759	1,069	27,820	28	31,929
Luwuk Timur	0	731	1,635	347,755	213	350,336
Masama	5,275	1194	922	139,102	142	146,636
Lamala	66,693	1440	1,431	104,326	213	174,105
Balantak	96,437	887	1,606	104,326	213	203,471
Bualemo	83,897	2,320	1,872	173,877	356	262,323
Bulagi	43,978	617	1,880	139,102	142	185,720
Buko	44,839	1347	2,305	69,551	71	118,115
Total (USD/ano)	416,228	10,107	14,193	1,175,410	1,520	1,617,472
Percentagem (%)	25.73	0.63	0.88	72.67	0.09	100.00

O valor de Utilizações indirectas é a maior percentagem dos valores económicos totais (TEV) que é 73,55%, enquanto que o mais baixo é o valor de Utilizações de opções (OV) que é 0,09%. O valor de Utilização directa (DUV) foi de apenas 26,36% (Figura 24). O elevado valor de Usos indirectos é obtido a partir do valor de Usos de Manguezal como quebra-mar.

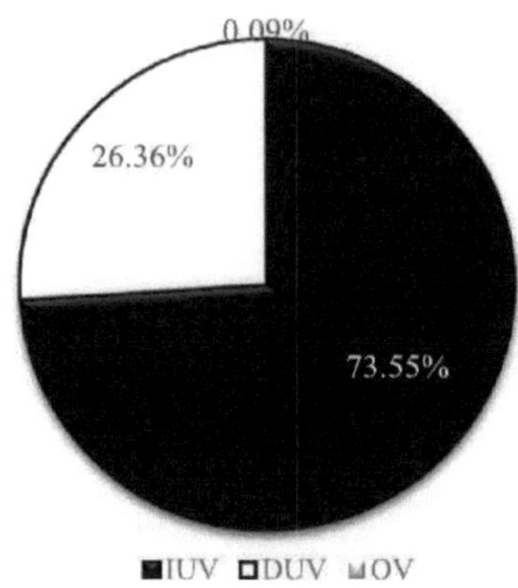

Figura 24. Diagrama comparativo dos componentes da avaliação do valor da utilização do ecossistema dos mangais no local da investigação

O TEV neste estudo foi superior aos resultados de estudos em três outros locais na Indonésia (Quadro 18). A magnitude do valor económico dos resultados deste estudo em comparação com os resultados de outros estudos deve-se à extensão da linha costeira coberta por mangais (valor indirecto) nas águas de Banggai, que é mais longa.

Tabela 18. Valores económicos dos ecossistemas de mangais em vários locais

	Banggai	Minahasa do Norte[1]	Tanjung Pinang[2]	Kendal[3]
Área de Manguezal (ha)	**107**	**307**	**520**	**77**
Usos Indirectos (USD/ano)				
Utilização de registos	416,230	19,544	1,892,434	-
Utilização de madeira de fogo	-	16	-	-
Captura de peixe	-	8,447	425,499	24,090
Captura de caranguejo	10,109	3,085	404,776	-
Pesca do camarão	-	972	840,434	-
Captura de Caracol do Mar	-	-	231,959	-
Aquacultura	-	-	-	16,251
Colecção de folhas Nipah	-	685	-	-

Usos dos frutos de mangue	-	-	-	4,114
Utilizações indirectas (USD/ano)				
Captura de peixe	14,196	-	-	-
Quebrar a água	1,175,413	762,259	2,502,857	36,250
Fornecimento de nutrientes	-	-	-	22,192
Valor Opcional (USD/ano)				
Uso da Biodiversidade	1,524	2,949	6,491	634
TEV (USD/ano)	1,617,475	797,959	6,304,452	103,533
TEV (USD/ano/ha)	15,116	2,599	12,123	1,344

4.4. Conclusão

O Valor Económico Total (TEV) no local de investigação é de USD $1,617,475/ano. O valor económico mais elevado é o valor de Usos físicos (73,55%), seguido pelo valor de Usos de madeira (27,73%), Usos biológicos (0,88%), e Usos de caranguejo (0,63%). O TEV mais baixo é o valor de OV (0,09%). Isto significa que a utilização de mangais como fonte de pesca não foi optimizada pela comunidade local, tal como a aquicultura e a pesca.

5. MODELO DE INTEGRAÇÃO DE AVALIAÇÃO DOS DANOS DO ECOSSISTEMA DOS MANGAIS

5.1. Introdução

Os derrames de petróleo que ocorrem no mar podem ser causados por vários factores, incluindo acidentes com petroleiros, fugas de oleodutos submarinos, erro humano, ou outras coisas. Ao lidar com derrames de petróleo, é necessário estudar primeiro a distribuição do derrame de petróleo. Isto é feito para que seja apropriado no seu tratamento, tanto em termos da localização da área afectada, como das áreas sensíveis afectadas, ou outras coisas. Um método para determinar a distribuição de derrames de petróleo é através de modelagem.

Os derrames de petróleo que ocorrem no mar são uma séria preocupação, especialmente onde o derrame de petróleo irá fluir e quantos danos o ecossistema dos mangais irá receber. No entanto, estimar com precisão o movimento de um derrame de petróleo é muito difícil de fazer, uma vez que é influenciado pelos processos físicos e químicos envolvidos no mesmo, bem como pela falta de informação que pode ser obtida quando ocorre um derrame de petróleo. Por conseguinte, é necessário ter um modelo integrado para avaliar os danos no ecossistema dos mangais, para que quando ocorre um derrame de petróleo, várias contramedidas eficazes e eficientes possam ser levadas a cabo.

Diz-se que o ecossistema dos mangais é uma área sensível porque tem muitos Usos para o ambiente circundante (OGP-IPIECA, 2015). Os ecossistemas de mangais que estão expostos a derrames de petróleo podem afectar as funções fisiológicas dos próprios mangais. Isto porque o petróleo está ligado à superfície do mangue e afecta o processo de evapotranspiração, e se isto acontecer continuamente pode causar a morte do próprio mangue (Hoff et al., 2014). Consequentemente, é necessário calcular o custo dos danos, incluindo especificamente os danos ambientais e socioeconómicos devidos ao derrame de petróleo. Este cálculo requer a integração da área do ecossistema dos mangais, o modelo de distribuição do derrame de petróleo no ecossistema dos mangais, e o valor dos danos no ecossistema dos mangais (Fauzi, 2004).

Até agora, o modelo de integração limitada combina apenas 2 modelos, nomeadamente o índice de sensibilidade ambiental com o modelo de derrame de petróleo e não combinou o valor económico dos danos ao ecossistema dos mangais. Por conseguinte, é necessário desenvolver um modelo integrado para avaliar os danos causados ao ecossistema dos mangais, combinando o valor do Índice de Sensibilidade aos Mangais (IKM), os derrames de petróleo, e o valor dos danos causados aos ecossistemas dos mangais. A Figura 25 abaixo mostra um modelo de desenvolvimento integrado (3 modelos) para avaliar os danos aos ecossistemas de mangais.

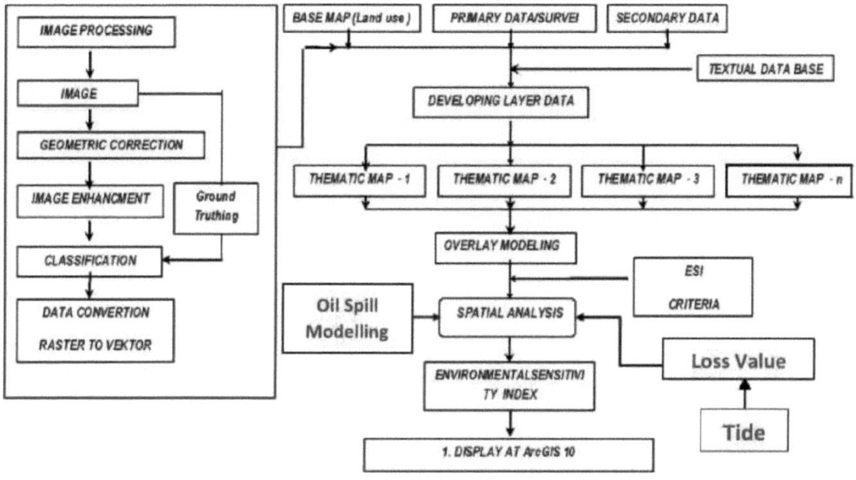

Figura 25. Conceito de fabrico do modelo espacial temporal Método Ingrediente

5.2. Método

5.2.1. Material

Os materiais utilizados são modelos SIG, base de dados IKM, modelação de derrames de petróleo, e o cálculo do valor dos danos nos ecossistemas de mangais.

5.2.2. Análise

5.2.2.I. Análise de determinação do valor do dano

O cálculo deste valor de danos foi feito com base na referência ao impacto dos derrames de petróleo sobre o ecossistema dos mangais de Lewis (1983), como se pode ver no Quadro 19. O método utilizado foi o método de resposta do organismo que foi calculado com base nas seguintes fórmulas: (1) o valor de Usos de árvores foi calculado com base no impacto do derrame de petróleo em plantas de mangais com uma altura inferior a 3 m (percentagem média de mangais com uma altura < 3 m); (2) o valor de Usos de caranguejos é calculado a partir do impacto da morte 0-15 dias, de modo que a percentagem de mortes por ano é de 100%; (3) O valor dos Usos biológicos é calculado a partir do valor da morte dos organismos que vivem em redor do ecossistema dos mangais com um impacto de mortalidade de 0-15 dias, de modo a que a percentagem de mortes por ano seja 100%; (4) O valor dos Usos físicos é calculado a partir da existência do ecossistema dos mangais, de modo a que o valor dos Usos físicos seja o mesmo que o cálculo do valor dos Usos das árvores; (5) O valor dos Usos opcionais é calculado o mesmo que o valor dos Usos das árvores e o valor dos Usos físicos.

Quadro 19. Impacto do derrame de petróleo no ecossistema dos manguezais

Palco/Tempo	Impacto
Acute	
0-15 dias	Morte de pássaros, peixes, invertebrados
15-30 dias	- Desfoliação e morte (< 1 m) de pequenos manguezais - Danos nas raízes do sopro das árvores de mangue
Cronies	
30 dias-1 ano	- Desfoliação e mortalidade moderada (< 3 m) de mangrove - Danos nos tecidos da antena
1 ano-5 ano	Mortalidade (> 3 m) de mangues maiores
1 ano-10 ano	- Reprodução reduzida - Morte ou crescimento reduzido - Árvores recoonizantes - Aumento dos danos causados aos animais insectos
10-50 anos	Recuperação completa
Fonte: Lewis, 1983	

Com base na resposta do ecossistema dos mangais ao impacto do derrame de petróleo (Quadro 19), o valor dos danos num ano pode ser formulado no Quadro 20.

Tabela 20. Valor do dano com base na percentagem de dano para cada Valor de utilização

Parâmetro	Percentagem de danos
Utiliza valor de log	A percentagem de manguezais com uma altura de <3
Usa o valor do caranguejo	100%
Utiliza valor de biológico	100%
Utiliza o valor da física	Calculado a partir da percentagem de danos nas árvores
Utiliza valor de opcional	Calculado a partir da percentagem de danos nas árvores

5.2.2.2. Percentagem de danos

Neste estudo, para calcular o valor dos danos devidos a derrames de petróleo no ecossistema dos mangais no prazo de 1 ano, foi utilizado o método de resposta do organismo e não o método genérico que é comummente utilizado. Segue-se uma comparação entre o cálculo do uso do método do organismo de resposta e o método genérico, como se mostra no Quadro 21.

Quadro 21. Comparação dos métodos de resposta do organismo e métodos genéricos

Parâmetro	Percentagem de Danos / Morte	
	Método do Organismo de Resposta	Método genérico
Utiliza valor de log	A percentagem de manguezais com uma altura de < 3	100%
Usa o valor do caranguejo	100%	100%
Utiliza o valor da biologia	100%	100%
Utiliza o valor da física	Calculado a partir da percentagem de danos nas árvores	100%
Utiliza valor de opcional	Calculado a partir da percentagem de danos nas árvores	100%

Com base nos métodos de análise acima, a Figura 25 pode ser vista como os resultados da integração do modelo de distribuição do derrame de petróleo e os resultados do cálculo do valor económico devido ao derrame na base de dados do índice de sensibilidade ambiental, que será apresentado sob a forma de um modelo espaço-temporal.

A extensão dos derrames de petróleo no ecossistema dos mangais pode ser determinada utilizando um modelo estocástico para estimar a quantidade de derrame de óleo de fuelóleo marinho (MFO) que será encalhado ou que entrará na fábrica de mangais. Este modelo também prevê o tempo de viagem para o petróleo chegar à costa e a percentagem da quantidade de petróleo que se irá lavar na praia. A percentagem da área afectada pode ser calculada utilizando a seguinte fórmula:

$$\text{Área afectada (LD)(\%)} = \frac{\text{(comprimento da linha de costa afectada x intervalo das marés)}}{\text{(Área de manguezal)}} \text{x100\%} \; \ldots \ldots (15)$$

$$\text{Valor do dano (NK)} = \text{LD x TEV(RO)} \ldots \ldots (16)$$

5.2.2.3. Modelo de Integração

Há várias fases para desenvolver o modelo de integração, que são

- Integração de modelos de derramamento de óleo com análise espacial SMI

- Integração dos valores de danos com os modelos espaciais de derramamento de óleo e SMI

- Os resultados dos três modelos de integração são apresentados espacialmente sob a forma de distribuição de derrames de petróleo, valores do índice de sensibilidade dos mangais, e danos nos ecossistemas de mangais devido a derrames de petróleo.

Na Figura 26 apresenta-se a seguir o âmbito do modelo de integração em ecossistemas de mangais e águas costeiras, que descreve os limites e efeitos da distribuição dos derrames, o índice de sensibilidade dos mangais e o valor dos danos nos ecossistemas de mangais, juntamente com a novidade feita neste estudo (Widodo, 2018).

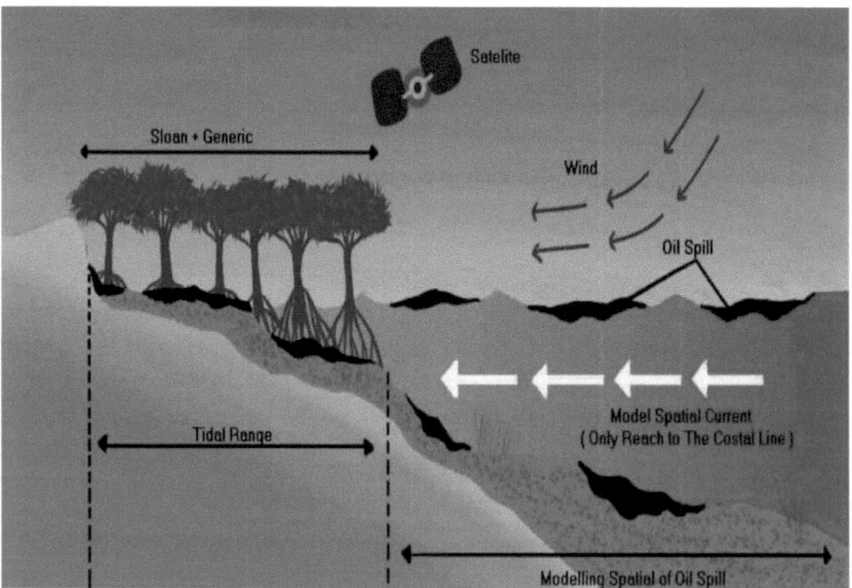

Figura 26. O âmbito e limites do modelo de integração de derrames de petróleo, índice de sensibilidade dos mangais, e o valor dos danos ao ecossistema dos mangais

5.3. Resultados e Discussão

5.3.1. Volume estimado de petróleo encalhado

O modelo estocástico é utilizado para estimar a magnitude do derrame de petróleo MFO que será encalhado ou que entrará no ecossistema dos mangais. Este modelo também prevê o tempo de viagem para o petróleo chegar à costa e a percentagem da quantidade de petróleo que se vai lavar na praia ou entrar no ecossistema dos mangais, com um derrame total de 700 toneladas ou 4375 barris. O tipo de petróleo utilizado nesta simulação é MFO com um índice API (American Petroleum Institute) de 33,7 e uma densidade de 0,87 gr/cm3. De acordo com Hoff et al. (2014), este óleo pertence ao segundo grupo que tem as seguintes características: (1) é bastante volátil; (2) pode ter um resíduo após a evaporação estar completa; (3) espalha-se rapidamente; (4) não forma uma emulsão estável; e (5) é mais biodisponível do que os óleos leves (alguns duram mais tempo), pelo que são mais susceptíveis de afectar organismos na água e sedimentos. O seguinte é uma previsão de um derrame de petróleo quando este atinge a costa (Figura 27).

Com base nos resultados do modelo estocástico (Figura 27), 47,74% do óleo será lavado na praia dentro de 25 horas, e diminuirá gradualmente devido a processos naturais. Enquanto isso, 42,20% sofrerá evaporação durante 160 horas, e os restantes 10,5% estarão sobre a água de superfície e diminuirão em concentração na 20ª hora, ou seja, será emulsionado ou precipitado. Os outros 0,01% ficarão na coluna de água.

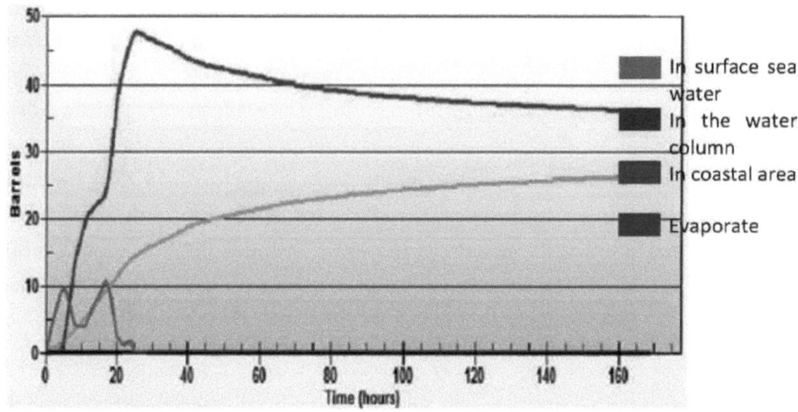

Figura 27. O processo de propagação do petróleo no mar

A utilização do modelo estocástico apenas prevê o volume do derrame num local encalhado (praia), e não tem em conta a amplitude da maré. Por conseguinte, o cálculo da Área de Impacto (LD) será mais preciso porque considera a amplitude da maré. O cenário 1 simula um derrame de petróleo que ocorre no local do porto DSLNG (1° 15,104' latitude e 122° 35,630' longitude leste) para cada estação do ano. Na estação oeste, o petróleo atingirá a sua condição crítica de Batui (10,57%) e Bulagi (40%). Na estação de transição 1, apenas o Sub-Distrito de Batui (6,65%) foi afectado pelo derrame de petróleo. Na monção oriental, apenas o sub-distrito de Batui Selatan (22,30%) foi afectado, enquanto na estação de transição 2 apenas o sub-distrito de Batui (30,27%) foi afectado pelo derrame de petróleo. Globalmente, a maior percentagem de derrames de petróleo que se verificou na costa foi no sub-distrito de Bulagi, que foi de 40% na monção ocidental (Tabela 22).

Quadro 22. Percentagem de derrames de petróleo que se derramaram na praia no cenário 1

Não	Distrito	Área (ha)	Época				Área de afectada (ha)
			Época Oeste (%)	Época de transição 1 (%)	Época Leste (%)	Época de transição 2 (%)	
1.	Batuí do Sul	10	-	-	22.30	-	2.23
2.	Batui	2	10.57	6.65	28.77	30.27	1.52
3.	Bulagi	10	40	-	-	-	4.00

Cenário 2: Derrames de petróleo ocorrem no Sul do Porto de Luwuk ou nas águas estreitas do Estreito de Peleng (1° 28.260' de latitude e 122° 36.350' de longitude leste). Na monção ocidental (Novembro-Fevereiro) e na estação de transição 1 (Março-Abril), nenhum local foi afectado pelo derrame de petróleo. Entretanto, na monção oriental, apenas o sub-distrito de Bulagi foi afectado, o que foi de 44,75%. Na época de transição 2, existem 3 sub-distritos afectados pelo derrame de petróleo, nomeadamente o Sub-distrito de Lamala (15,49%), Balantak (84,50%), e o Sub-distrito de Bualemo (55,24%). Globalmente, o maior impacto do derrame de petróleo no cenário 2 é o Sub-Distrito Balantak, que é 84,50% com a área afectada de 12,67 ha (Tabela 23).

Quadro 23. Percentagem de derrames de petróleo que se derramaram na praia no cenário 2

Não	Distrito	Área (ha)	Época				Área de afectada (ha)
			Época Oeste (%)	Época de transição 1 (%)	Época Leste (%)	Época de transição 2 (%)	
1.	Lamala	15	-	-	-	15.49	2.32
2.	Balantak	15	-	-	-	84.50	12.67
3.	Bualemo	25	-	-	-	55.24	13.81
4.	Bulagi	10	-	-	44.75	-	4.47

5.3.2. Valor do dano

De acordo com Mastaller (1996) e Hoff et al. (2002), os poluentes petrolíferos podem ter um impacto negativo nos mangais através de 2 mecanismos, nomeadamente efeitos físicos e efeitos toxicológicos. Toxicologicamente significa que vem sob a forma de hidrocarbonetos que causam danos e morte dos mangais através de sedimentos e raízes. Esta condição pode interferir com os sais que interferem com a sua troca nas raízes e folhas. A sua presença nos sedimentos pode aumentar a incidência de mutações dos mangais devido à diminuição da clorofila. Hoff et al. (2014) acrescentaram também que os mangais são muito susceptíveis à exposição ao óleo e esta ocorrência pode causar a morte dentro de algumas semanas a vários meses, uma vez que o nível de sensibilidade depende do tipo de mangue e do tipo de óleo. Os óleos leves são mais tóxicos do que os óleos pesados e os óleos com decomposição lenta serão mais tóxicos do que os que se decompõem facilmente. O Hidrocarboneto Poli Aromático (HAP) é um composto tóxico que causa a morte dos mangais. A acumulação de hidrocarbonetos em cerca de 50-98% nos substratos dos mangais pode causar a morte em massa dos mangais. A morte dos mangais começa com o amarelecimento das folhas, desfoliação, e eventualmente causa a morte das árvores. Os resultados da investigação no Panamá declararam que houve um efeito do crescimento dos mangais em diferentes concentrações de hidrocarbonetos (Duke e Pizon, 1992).

5.3.12.1. . Cenário 1

O valor dos danos devidos a derrames de petróleo no ecossistema dos mangais será calculado a partir do valor económico total na área afectada multiplicado pela percentagem da área de mangais afectada pelo derrame de petróleo e depois multiplicado pela resposta aos danos/morte da variável em valor económico durante um ano, de modo a que se obtenha o valor dos danos na localização do sub-distrito afectado.

Os resultados da simulação utilizando o cenário 1 da Figura 28 são o resultado de um modelo integrado de danos no ecossistema dos mangais, com o maior valor de danos em caso de derrame de petróleo na estação oeste (Novembro-Fevereiro), que é de aproximadamente USD $78,251. Tem um impacto em dois subdistritos, nomeadamente Batui e Bulagi. O mais baixo ocorreu na época de transição 1 (Março-Abril), de aproximadamente USD $2.228. O valor dos danos no ecossistema dos manguezais é apresentado no Quadro 24.

Tabela 24. Valor dos danos devidos a derrame de petróleo no cenário 1

Distrito	Valor da base de danos por época (USD)				
	Área (ha)	Época Oeste (USD)	Época de transição 1 (USD)	Época Leste (USD)	Época de transição 2 (USD)
Batuí do Sul	2.23	-	-	34,074	-
Batui	1.52	2,464	2,228	3,560	3,650
Bulagi	4.00	75,786	-	-	-
Sub Total	7.75	78,251	2,228	37,635	3,650
Total	USD $121,766				

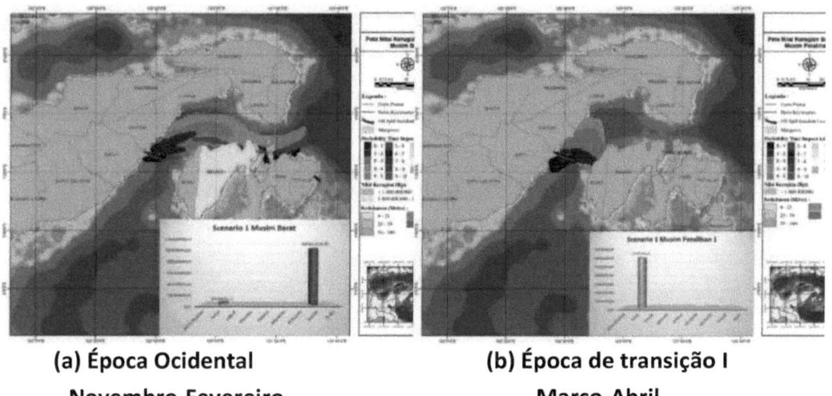

(a) Época Ocidental Novembro-Fevereiro

(b) Época de transição I Março-Abril

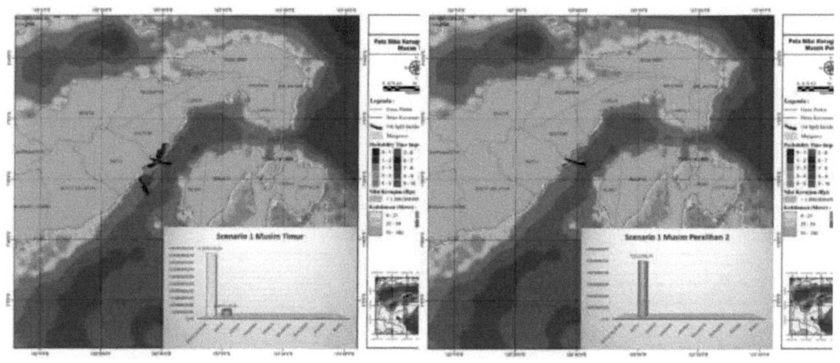

(c) Época Leste Maio-Agosto

(d) Época de transição 2 Setembro-Outubro

Figura 28. Distribuição de derrames de petróleo e valores de danos no cenário 1 por estação (Gordon e McClean, 1999)

O elevado valor dos danos causados pelo derrame de petróleo foi encontrado no Sub-Distrito de Bulagi na estação Oeste, e isto porque a estação é fortemente influenciada pelo vento oeste, de modo que o movimento do derrame de petróleo se desloca para leste, e se espalha para norte na estreita fenda do Estreito de Peleng até que uma fina camada de petróleo seja arrastada para o mar ao longo do Sub-Distrito de Bulagi. Este sub-distrito tem o valor IKM mais elevado em comparação com outros sub-distritos, que é de 44,92 e tem um nível sensível de sensibilidade.

O valor dos danos devidos a derrames de petróleo no cenário 1 pode ser encontrado em todas as estações do Distrito de Batui, e isto deve-se à influência dos ventos, tanto de oeste como de leste, que provocam o encalhamento do movimento do petróleo no Sub-Distrito de Batui e se espalham ao longo da costa. Isto contrasta com a localização do Sul de Batui que não tem valor de dano na estação oeste, estação de transição 1, e estação de transição 2. Isto acontece porque as três estações tendem a soprar ventos de oeste, pelo que não tem impacto no Sub-Distrito de Batui Sul, enquanto na estação leste este sub-distrito tem um impacto prejudicial. O derrame de petróleo é afectado pelo vento leste, de modo que o derrame de petróleo avança em direcção ao noroeste.

5.3.3. Cenário 2

Os resultados da simulação utilizando o cenário 2 (Figura 29) são o resultado da integração do modelo de danos no ecossistema dos mangais, com o maior valor de danos no caso de um derrame de petróleo durante a estação de transição 2 em Lamala, Balantak e Bualemo. O valor dos danos causados no caso de um derrame de petróleo na estação oriental é de aproximadamente USD $84.489, enquanto que o derrame de petróleo na estação ocidental e transição 2 não causa danos ao ecossistema dos mangais. O valor dos danos no ecossistema dos mangais é apresentado no Quadro 25.

Tabela 25. Valor dos danos devidos a derrame de petróleo no cenário 2

Distrito	Valor da base de danos na estação (Rp)				
	Área (ha)	Época Oeste (USD)	Época de transição 1 (USD)	Época Leste (USD)	Época de transição 2 (USD)
Lamala	2.32	-	-	-	42,657
Balantak	12.67	-	-	-	257,233
Bualemo	13.81	-	-	-	360,671
Bulagi	4.47	-	-	84,489	-
Sub Total	33.27	-	-	84,489	660,561
Total	USD $745,051				

O maior valor de danos devido ao derrame de petróleo no cenário 2 foi encontrado na estação de transição 2, nomeadamente nos distritos de Bualemo, Balantak, e Lamala.

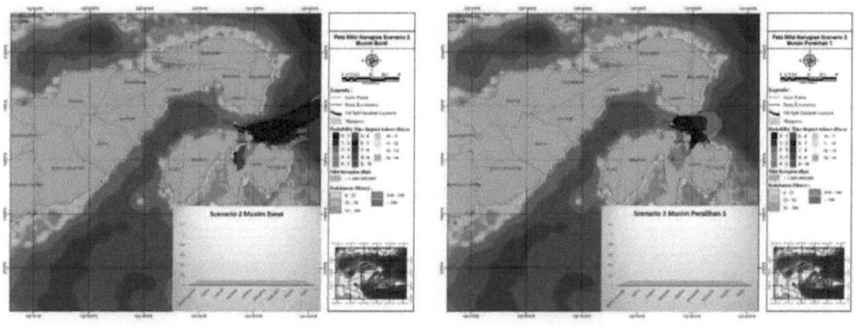

(a) **Época Ocidental**
Novembro-Fevereiro

(b) **Temporada de transição 1**
Março-Abril

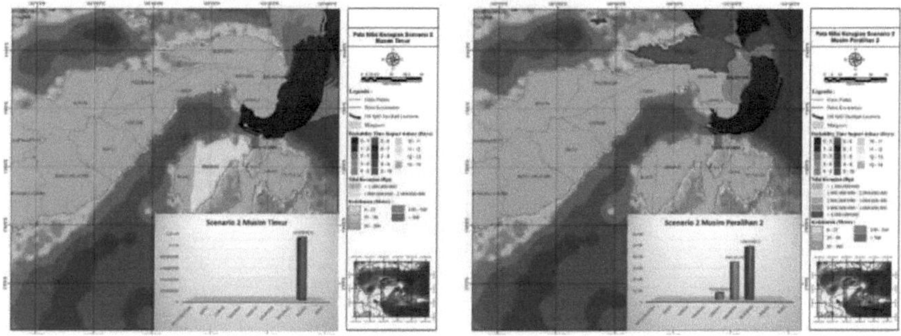

(c) **Época Leste**
Maio-Agosto

(d) **Época de transição 2**
Setembro-Outubro

Figura 29. Distribuição de derrames de petróleo e valores de danos no cenário 2 por estação (Gordon e McClean, 1999)

O elevado valor dos danos deveu-se ao facto de, durante a estação de transição 2, os efeitos da monção ocidental terem começado a aparecer e ter havido pressão do vento ocidental, de modo que a distribuição de petróleo se deslocou para leste e a camada de petróleo começou a espalhar-se para leste ao longo da costa dos subdistritos de Belantak, Bualemo, e Lamala. A área do ecossistema dos mangais nestes três sub-distritos é bastante ampla, que é de 10 a 25 ha, pelo que o derrame de petróleo tem na realidade um grande impacto. O valor dos danos causados pelo derrame de petróleo na estação oriental foi encontrado no Sub-distrito de Bulagi, que tem uma área de mangais de 10 ha e tem um grande valor de utilização física de aproximadamente 139,102 dólares americanos, de modo que afecta o cenário de cálculo do valor dos danos causados pelo derrame de petróleo.

5.3.4. Utilização do Método de Resposta do Organismo

As figuras 31 e 32 mostram uma comparação do uso de cálculos com o método de resposta do organismo e o método genérico, em que o método de resposta do organismo utiliza os cálculos do Quadro 21 do Capítulo Metodologia, enquanto que o método genérico assume que todas as árvores de mangue e os organismos que nelas vivem estão todos mortos (100%), como mostra o Quadro 27.

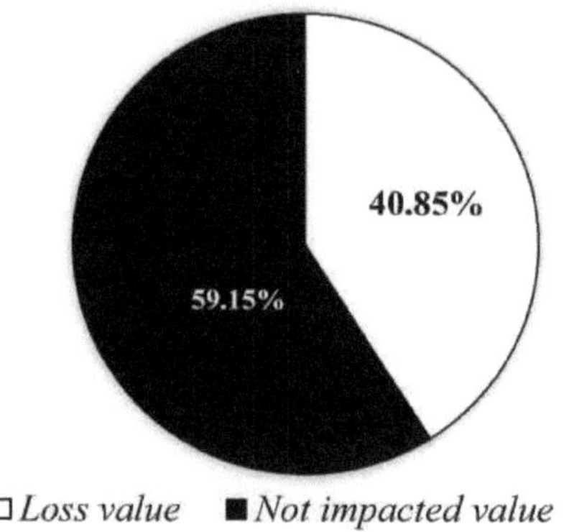

Figura 30. Comparação do valor dos danos com o valor económico total

O valor dos danos no ecossistema dos mangais é de apenas 40,85% do valor económico total do ecossistema dos mangais, o que significa que o impacto deste derrame de petróleo não causou danos a todo o ecossistema dos mangais, uma vez que nem todos os distritos foram afectados pelo derrame de petróleo no cálculo da simulação. Além disso, este derrame só atingiu aproximadamente 100 m no interior devido ao facto de ter sido levado pela amplitude da maré. Entretanto, o ecossistema dos mangais em alguns locais encontra-se a mais de 100 m da linha costeira.

Quadro 26. Valor dos danos devidos a derrame de petróleo nos cenários 1 e 2

Método	Valor de Danos Base na Época (USD)				Total
	Época Oeste	Época de transição 1	Época Leste	Época de transição 2	
Cenário 1					
Organismo Resposta	78,251	2,228	37,635	3,650	121,766
Genéricos	743,582	5,832	339,323	-	1,088,738
Cenário 2					
Organismo Resposta	-	-	8,448,961	66,056,177	74,505,138
Genéricos	-	-	82,242,119	651,960,120	734,202,239

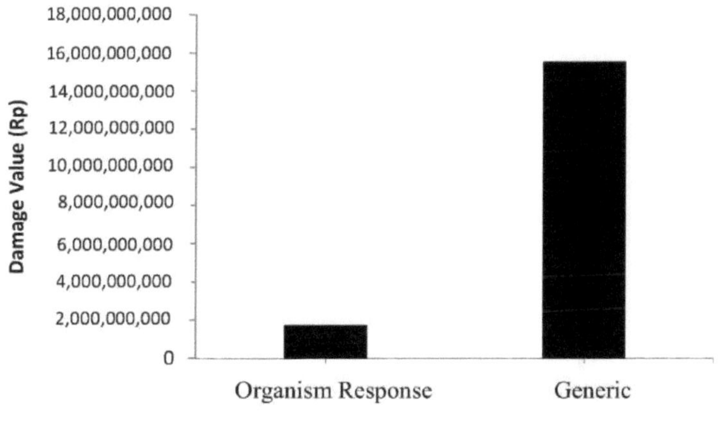

Figura 31. Comparação dos valores de danos no cenário 1, entre os métodos de resposta do organismo e os métodos genéricos

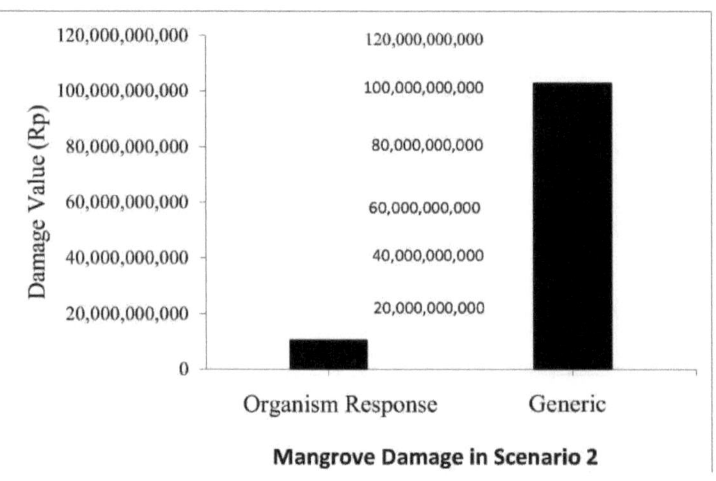

Figura 32. Comparação dos valores dos danos no cenário 2, entre os métodos de resposta do organismo e os métodos genéricos

No Quadro 26, as figuras 31 e 32 mostram uma comparação do uso de cálculos com o método de resposta do organismo e o método genérico, em que o método de resposta do organismo utiliza os cálculos do Quadro 19 do Capítulo Metodologia, enquanto que o método genérico assume que todas as árvores de mangue e os organismos que nelas vivem morrem (100%). Os resultados dos dois cenários mostram que o valor calculado usando o método genérico será muito superior ao cálculo usando o método de resposta do organismo, que é cerca de 40,85% dos mangais que morrem. A vantagem do cálculo usando o método de resposta do organismo será mais realista e preciso, uma vez que não usa a hipótese de que o petróleo encalhado no ecossistema dos mangais pode causar a morte de todas as árvores de mangais (100%). Por outras palavras, o cálculo com o método de resposta do organismo causa apenas 10 danos no ecossistema dos mangais. -20% do que é calculado genericamente, ou seja, 100% dos mangais mortos. Isto é apoiado por Baca et al. (2014) num ensaio experimental (controlado) no Panamá, confirmando o impacto a longo prazo nos mangais tratados com petróleo (dez anos mais tarde), encontraram uma mortalidade total de quase 50% das árvores afectadas em comparação com uma taxa de mortalidade de 17% aos sete meses após o tratamento com petróleo.

5.4. Conclusão

O valor dos danos devidos ao derrame de petróleo no cenário 2 (aproximadamente USD $74.505.138) é superior ao cenário 1 (aproximadamente USD $121.766), porque a área afectada pelo derrame de petróleo é mais vasta com diversidade, densidade e valor de utilização dos ecossistemas de mangais maior do que no cenário 1 (um). A avaliação do Valor do Dano (NK) utiliza a multiplicação da Área de Impacto (LD) com TEV (RO), onde a Área de Impacto é calculada a partir da amplitude da maré multiplicada pela extensão da linha costeira afectada dividida pela área de mangais, ou:

NK = LD x TEV (RO) LD (%) =

$$\frac{\text{(Comprimento da linha costeira afectada x amplitude da maré)}}{\text{Área de mangue}} \times 100\%$$

Este modelo é mais preciso do que utilizar o modelo estocástico, porque o modelo estocástico apenas calcula o volume de óleo lavado na praia. O cálculo do valor do dano utilizando a abordagem do método de resposta do organismo é melhor do que a abordagem do método genérico, uma vez que a abordagem do método de resposta do organismo não assume que 100% das árvores de mangue estão mortas, mas apenas as árvores de mangue que são susceptíveis a derrames de óleo mortos (altura das árvores < 3 m). O modelo de integração pode mostrar espacialmente a distribuição dos derrames de petróleo, o valor do índice de sensibilidade dos mangais, e o valor dos danos ambientais ao ecossistema dos mangais.

6. DISCUSSÃO GERAL

O aumento do transporte marítimo (petroleiros) nos distritos de Banggai e das Ilhas Banggai tem o potencial de colisões com petroleiros que transportam petróleo e gás, bem como fugas ou ruptura de tubagens (braço de carga). Isto tem o potencial de causar impactos de poluição nos ecossistemas costeiros (SI, 2012).

Até agora, o modelo de integração limitou-se a combinar o ESI com modelos de derrames de petróleo, incluindo o Mapeamento do Índice de Sensibilidade Ambiental (ESI) para os derrames de petróleo na Costa de Goa, Índia por Murali e Kumar (2009), Mapeamento dos Impactos do Roubo de Petróleo Bruto e Refinarias Ilegais no Mangue do Delta do Níger da Nigéria com Tecnologia de Detecção Remota por Balogun (2015), e o Mapeamento do Índice de Sensibilidade Ambiental das Linhas Costeiras de Lagos por Oyedepo e Adeofun (2011). Da mesma forma, com os resultados de investigações ou estudos na Indonésia que ainda utilizam a integração de 2 (dois) modelos, nomeadamente entre IKL e derrames de petróleo como PHE ONWJ (2009), BP Tangguh (2012), e Donggi Sinoro DSLNG (2012).

Considerando que não há integração entre o modelo de derrame de petróleo, o Índice de Sensibilidade dos Mangais (MSI), e a avaliação económica dos danos ao ecossistema dos mangais, é necessário integrar os três modelos.

O IKM na área de estudo variava de moderado a sensível, mas o nível de sensibilidade do mangue era dominante na categoria moderada, uma vez que o valor do nível de vulnerabilidade, valor de conservação, e valor socioeconómico eram moderados. Entretanto, a categoria sensível encontra-se apenas em 2 (dois) sub-distritos (Bulagi e Batui Selatan), porque o valor de utilização em ambos os sub-distritos é elevado e a distância do rio é bastante próxima. O nível de vulnerabilidade do mangue (VLm) utilizando a multiplicação dos valores de diversidade e dominância é melhor em uso do que o nível de vulnerabilidade (VL) feito por Sloan (1993), uma vez que o uso do VLm é mais específico e preciso, onde a fórmula utilizada é VLm_ =V(H' x C).

A avaliação do Nível de Vulnerabilidade do Manguezal (VLm) para calcular o valor do índice de sensibilidade do mangue (MSI) neste estudo utilizou a multiplicação do valor de diversidade e o valor de dominância. Este valor VLm é mais preciso do que o Nível de Vulnerabilidade (VL) feito por Sloan (1993), porque Sloan (1993) classifica todos os mangais como muito sensíveis (pontuação 5).

A distribuição do derrame de petróleo resultante do modelo de simulação é influenciada pelas características das águas em torno das Ilhas Banggai Regency e Banggai. A distribuição de petróleo que ocorre no cenário 1 e no cenário 2 desloca-se predominantemente para norte todos os meses. Isto está de acordo com a direcção do vento que se move a partir do sul. Mostra que a corrente é mais dominante do que a influência das marés. No cenário 1, muito petróleo fica retido nas Ilhas Banggai (Distrito de Bulagi) que ocorre na estação oeste, enquanto no cenário 2, muito petróleo fica retido em Banggai Regency, especificamente nos Distritos de Lamala, Balantak, e Bualemo que ocorre na estação de transição 2 (dois).

O Valor Económico Total (TEV) no local de investigação é de aproximadamente USD $1,617,475/ano. O valor económico mais elevado é o valor de Usos físicos (72,67%), seguido pelo valor de Usos de madeira (25,73%), Usos biológicos (0,88%), e Usos de caranguejo (0,63%). O TEV mais baixo é o valor de OV (0,09%). Isto significa que a utilização de mangais como fonte de pesca não foi optimizada pela comunidade local, tal como a aquicultura e a pesca.

O resultado do valor do dano devido ao derrame de petróleo no cenário 2 (aproximadamente USD $745.051) é superior ao cenário 1 (aproximadamente USD $121.766), porque a área afectada pelo derrame de petróleo é mais vasta, com maior diversidade, densidade e valor de utilização do que o cenário 1 (um). O cálculo do Valor do Dano (NK) utilizando a multiplicação da Área de Impacto (LD) com TEV, onde a área de impacto é calculada a partir da amplitude da maré multiplicada pelo comprimento da linha costeira afectada dividido pela área do mangue. É mais preciso do que utilizar o modelo estocástico, uma vez que o modelo estocástico calcula apenas o volume de óleo lavado apenas na praia.

O cálculo do valor do dano utilizando a abordagem do método de resposta do organismo é melhor do que a abordagem do método genérico, porque a abordagem do método de resposta do organismo não assume que 100% das árvores de mangue estão mortas, mas apenas as árvores de mangue que são susceptíveis a derrames de óleo mortos (altura das árvores < 3 m). O modelo de integração pode mostrar espacialmente a distribuição dos derrames de petróleo, o valor do índice de sensibilidade dos mangais, e o valor dos danos ambientais ao ecossistema dos mangais.

REFERÊNCIAS

Anneboina LR, Kumar KSK. 2017. Análise económica das ligações de mangais e pesca marinha na Índia. *J Serviços de Ecossistema.* 24: 114-123. doi.org/10.1016/j.ecoser.2017.02.004

Agudelo DL, Bernal RN, Mojica DM, Vargas AM, Gundlach E. 2015. Índice de sensibilidade ambiental para derrames de petróleo em zonas marinhas e costeiras na Colômbia. *J petróleo, gás e fontes de energia alternativas.* 6(1):17-28.doi:10.29047/1225383.24

[AOSC] Comissão de Derrame de Petróleo do Alasca. 1990. *Spill, The Wreck of The Exxon Valdez: Implications for Safe Transportation of Oil* (Relatório final). Alasca (EUA): ARLIS.

Baca B, Rosch E, DiMicco E, Schuler PA. 2014. TROPICS: 30 anos de acompanhamento e análise de mangais, invertebrados e hidrocarbonetos. In: Actas da Conferência Internacional sobre Derrame de Petróleo de 2014. pp. 17341748.

Balogun TF. 2015. Mapping Impacts of Crude Oil theft and Illegal Refineries on Mangrove of the Niger Delta of Nigeria with Remote Sensing Technology. *J de Ciências Sociais MCSER.* 6(3): 2039-

2117.doi:10.5901/mjss.2015.v6n3p150

DG Bengen. 2003. *Ekosistem dan Sumberdaya Pesisir dan Laut serta Pengelolaan Secara Terpadu dan Berkelanjutan*. In: Koleksi Dokumen Proyek Pesisir 1997-2003 (Knight, M. dan S. Tighe, editor). Centro de Recursos Costeiros, Universidade de Rhode Island, Narragansett, Rhode Island, EUA

DG Bengen. 2004. Pedoman teknis pengenalan dan pengelolaan ekosistem mangrove. PKSPL IPB. (ID) Bogor

Boer B. 1993. Anomalous pneumatophores and adventitious roots of Avicennia marina (Forssk.) Vierh. Mangroves dois anos após o derrame de petróleo da Guerra do Golfo de 1991 na Arábia Saudita. *J Marine Pollution Bulletin.* 27:207-211.doi:10.1016/0025-326X(93)90026-G

BP Tangguh. 2012. Plano de resposta a derrames de petróleo.

[BPS] Badan Pusat Statistik Kabupaten Banggai. 2016. *Kabupaten Banggai dalam angka*. Luwuk (ID). 319 hlm

[BPS] Badan Pusat Statistik Kabupaten Banggai Kepulauan. 2016. *Kabupaten Banggai Kepulauan dalam angka*. Luwuk (ID). 232 hlm

Brito EMS, Duran R, Guyoneaud R, Goniurriza M, Oteyza TG, De Crapez MAC, Aleluia I, Wasserman JCA. 2009. Um estudo de caso de contaminação por petróleo in situ num mangue (Rio De Janeiro Brasil). *Boletim de poluição marinha*. 58(3):418-423

Cavalcanti L, Santos M, Cunha-lignon M. 2012. Efeitos a Longo Prazo da Poluição por Petróleo em Florestas de Manguezal (Baixada Santista, Sudeste do Brasil) Detectados Utilizando uma Análise Multitemporal de Fotografias Aéreas baseada em SIG. *Revista Brasileira de Oceanografia*. 60(2):159-170.

Damardi. 2012. Struktur komunitas vegetasi mangrove berdasarkan berdasarkan karakteritik substrat di Muara Harnim Desa Cangkring Kecamatan Cantigi Kabupaten Indramayu. *JurnalPerikanan dan kelautan*. 3(3):347- 358

Davis LS, Johnson KN. 1987. *Gestão florestal*. Terceira edição. Mcgrawhill book company(NY)

DSLNG. 2012. Plano de Contigência de Derrame de Petróleo (Fase de Operação)

Duke Nc dan Pizon Z. 1992. *Florestas de mangue*. In: Keller BD, Jakson JBC ediotor. Vol II. Avaliação a longo prazo do derrame de petróleo na bahia las minas, Panamá, Relatório de Síntese. Relatório técnico. Nova Orleães (LA) 453 p

Duque NC 2016. Impactos do derrame de petróleo nos mangais: Recomendações para o Planeamento Operacional e Acção com base numa Revisão Global. *Boletim sobre a Poluição Marinha*. 109(2):700-715

Ekayani M, Nuva, Yasmin RK, Shaffitri LR, Idris BT. 2014. Taman Nasional Untuk Siapa? Tantangan Membangun Wisata Alam Berbasis Masyarakat di Taman Nasional Gunung Halimun Salak. Jurnal Risalah Kebijakan Pertanian dan Lingkungan, 1(1):46-52. doi:10.20957/jkebijakan.v1i1.10279

Fauzi A. 2004. *Ekonomi Sumber Daya Alam dan Lingkungan*. Jacarta (ID): Gramedia Pusaka Utama. 259 hlm.

Fingas M. 2001. *The Basics of oil spill cleanup* 2nd ed. CRC press LLC. Florida

Giesen W, Wulffraat S, Zieren M, Schoelten L. 2006. Panduan pengenalan mangrove di Indonesia. (ID) Bogor. Terjemahan A Field Guide Of Indonesia Mangrove (Guia de Campo do Mangue da Indonésia)

Gordon AL, McClean JI. 1999. Estratificação termohalina dos mares indonésios: modelo e observação. *J. de oceanografia física* 29:98-26

Hadi S, Latief H. 2008. Pemodelan tumpahan minyak, peringatan dini penanggulangan dan analisis tingkat kerusakan lingkungan di Indonesia pengembangan model matematik dan penerapan sistem informasi gografis untuk menunjuang rencana strategis penanggulangan minyak di Selat Malaka, Selat Lombok dan Selat Makassar. Makalah Oseanografi pantai FIKMI ITB:54p

Helut S. 2005. Tumpahan minyak di perairan Ambon meluas. Liputan6.com.

http://news.liputan6.com/read/107719/tumpahan-minyak-di- perairan-ambon-meluas

Hoff R, Hensel P, Proffitt EC, Delgado P, Shigenaka G, Yender R. 2002. Derrame de Petróleo em Mangue, Planeamento e Resposta Considerações. NOAA Ocean Service, Office of Response and Restoration. Washington.

Hoff R, Michel J, Hensel P, Proffitt EC, Delgado P, Shigenaka G, Yender R, Mearns AJ. 2014. *Derrames de Petróleo em Mangais.* Hoff R, Michel J, editores. NOAA. 97 pp.

Hutchinson TC, Heliebust JA. 1974. Derrames de Óleo e Vegetação em Poços Normais. Programa Ambiental-Social da NWT. Northern Pipelines Task Force, Ottawa, Information Canada Report 73-43. pp. 129. Ilman M, Dargusch P, Dart P, Onrizal. 2016. Uma análise histórica dos factores de perda e degradação dos manguezais da Indonésia. *J Política de Uso da Terra.* 54: 448-459.doi:10.1016/j.landusepol.2016.03.010

Indriyanto. 2006. *Ekologi Hutan.* Jakarta (ID). Bumi aksara

Irmadi N, Sudarmadji BW. 2010. Neraca dan nilai ekonomi hutan mangrove di Kabupaten Pohuwato, Provinsi Gorontalo. *Globo.* 12(1):28-36.

JICA-Dephub. 2002. O estudo para o plano de desenvolvimento da segurança marítima na República da Indonésia. Jacarta

Kathiresan K, Bingham BL. 2001. Biologia do mangue e do ecossistema do mangue. *Journal of marine science.* 40:81-251

KESDM. 2016. Statistik migas kementerian energi dan sumberdaya mineral. http://statistik.migas.esdm.go.id/index.php?r=dataTumpahanMinyak/ index-&DataTumpahanMinyak_sort [diunduh 2017 Sep 15].

Rei BA, McAllister FA, Hubbert G. 1999. Requisitos de dados para calibração e validação do modelo de derramamento de óleo OILMAP. pp. 35-52.

Kusmana C. 1997. *Metode survei vegetasi. Bogor* (ID)

Lee LH, Lin HJ. 2013. Efeitos de um derrame de petróleo sobre a produção e respiração da comunidade bentónica nos planos de areia intertidais subtropicais. *Boletim de poluição marinha*. 73(1):291-299

Lee CH, Lee JH. Sung CG, Moon SD, Kang SK, Lee JH, Yim UH, Shim WJ, Ha SY. 2013. Monitorização da Toxicidade de Hidrocarbonetos aromáticos policíclicos em sedimentos intertidais durante cinco anos após o derrame de óleo espiritual de Hebei em Taean, República da Coreia. *Mar Pol Bul*. 76(1- 2):241-249.

Lewis RR. 1983. *Impacto dos derrames de petróleo nas florestas de mangais. In: Teas, H.J. (ed.), Tasks for Vegetation Science, Vol. 8 (Biology and Ecology of Mangroves), The Hague: Dr. W. Junk Publishers*. pp. 171-183. doi: 10.1007/978-94-017-0914-9_19

Lewis M, Pryor R. 2013. Toxicidades de Óleos, Dispersantes e Dispersos de Óleos para Algas e Plantas Aquáticas: Revisão e Valorização da Base de Dados para a Sustentabilidade dos Recursos Poluentes do Ambiente. 180:345-367

Malik A, Fensholt R, Mertz O. 2015. Avaliação económica dos mangais para comparação com a aquicultura comercial em Sulawesi do Sul, Indonésia. *Floresta*. 6:3028-3044.doi:10.3390/f6093028

Mastaller M. 1996. Destruição dos manguezais - causas e consequências. *Recursos naturais e desenvolvimento*. 37-57

Meinarni NPS. 2016. Dampak pencemaran lingkungan laut terhadap Indonésia akibat tumpahan minyak Montara di Laut Timor. *J Komunikasi Hukum*. 2(2):228-235.

Menteri Pekerjaan Umum dan Perumahan Rakyat. 2016. Peraturan Menteri Pekerjaan Umum dan Perumahan Rakyat nomor 28 tahun 2016 tentang pedoman analisis harga satuan pekerjaan bidang pekerjaan umum. Jakarta.

Murali M dan Kumar R. 2009. *Mapeamento do índice de sensibilidade ambiental (ESI) para os derrames de petróleo na Costa de Goa, Índia. Procedimentos de geomatrix*. 1-9

NAS (1975) Petróleo no ambiente marinho. Academia Nacional de Ciências, Washington, DC

NOAA. 2012. Directrizes do Índice de Sensibilidade Ambiental Versão 3.0. Seattle, Washington: Divisão de Resposta a Materiais Perigosos, Office of Response and Restoration, NOAA Ocean Service

Nybakken JW. 1992. Biologi laut suatu pendekatan ekologis. PT Gramedia Pustaka Utama. Jakarta (ID)

OCDI. 2002. *Normas Técnicas e Comentários para as Instalações Portuárias e Portuárias no Japão*. Tóquio (JP): OCDI.

Odum EP. 1971. *Fundamentos da ecologia W.B Saunders company*:Philadelphia. 97p

Odum EP. 1993. Dasar-dasar ekologi. Gadjah Mada Imprensa da Universidade de Gadjah Mada. Yogyakarta (ID)

OGP IPIECA. 2015. *Mapeamento da Sensibilidade para a Resposta a Derrames de Petróleo*. Applied The global oil and gas industry association for environmental and social issues. Londres

Ofiara DD, Seneca JJ. 2006. Efeitos biológicos e subsequentes efeitos económicos e perdas decorrentes da poluição marinha e degradações em ambientes marinhos: Implicações de A Literatura. *Mar Pollut Bull.* 52 (8): 844-864.doi:10.1016/j.marpolbul.2006.02.022

Oyedepo JA, Adeofun CO. 2011. Mapeamento do índice de sensibilidade ambiental das linhas costeiras de Lagos. *Journal of Global NEST.* 13(3):277-287.doi: org/10.30955/gnj.000565

Página DS, Gilfillan ES, Foster JC, Hotham JR, Gonzalez ER. 1985. Concentrações de sódio e iões de potássio no tecido foliar de mangue como indicadores subletais de stress petrolífero nos mangais. In: Proceedings of the 1985 Oil Spill Conference. pp. 391-393.

Pearce D. 1992. A valentia económica e o banco mundial da natureza pioram os papéis. O Banco Mundial. Nova Iorque

PHE ONWJ. 2009. Plano de Contingência de Derrame de Petróleo para a Operação Java Ocidental.

Pardosi AS. 2016. Potensi dan prospek Indonesia menuju poros maritime. Revista hubungan internasional. 4(1):017-026.

Pranowo WS. 2018. Hasil diskusi pada ujian tutup pascasarjana IPB

Zulkarnaini, Mariana. 2016. Avaliação económica do ecossistema florestal de mangais no Estuário de Indragiri. *J Internacional de Oceanos e Oceanografia.* 10(1):13-17

Putranto S, Zamani NP, Sanusi HS, Riani E, Fahrudin A. 2017. Analisisisis pemetaan Indeks Kepekaan Lingkungan di Kabupaten Banggai dan Banggai Kepulauan, Sulawesi Tengah. Jurnal Ilmu dan Teknologi Kelautan Tropis. 9(1):357-374

Riani E. 2012. *Perubahan Iklim dan Kehidupan Biota Akuatik.* Bogor (ID): IPB Press. 220

hlm.

Redjeki S. 2013.Komposisi dan kelimpahan ikan di ekosistem mangrove di kedungmalang, Jepara. *Ilmu Kelautan*. 18(1):54-60

Ruitenbeek HJ. 1992. *Gestão de Manguezais: An Economic Analysis of Management Options with a Focus on Bintuni Bay, Irian Jaya.* Jakarta e Halifax. 51 pp.

Santos LCM, Lignon MC, Novelli YS, Molero GC. 2012. Efeitos a longo prazo da poluição por petróleo em florestas de mangais (Baixada Santista, Sudeste do Brasil) detectados utilizando uma análise multitemporal de fotografias aéreas baseada em SIG. *J brasileiro de oceanografia.* 62(2):159-170

Setyowati D, Supriharyono, dan Triarso I. 2016. Nilai ekonomi sumberdaya mangrove di Kelurahan Mangunharjo, Kecamatan Tugu, Kota Semarang. *J de Ciência e Tecnologia das Pescas.* 12(1):67-74. doi.10.14710/ijfst.12.1.67-74

Sloan NA. 1993. Efeito do petróleo nos recursos marinhos: Uma Revisão da Literatura Mundial Relevante para a Indonésia. Ministério de Estado do Ambiente, Jacarta e Escola de Recursos e Estudos Ambientais da Universidade de Dalhousie, Halifax. 65p.

Sowmya K, Jayappa KS. 2016. Mapeamento da Sensibilidade Ambiental da Costa de Karnataka, Costa Oeste da Índia. *Gestão Oceânica e Costeira.* 121:70-87.

Stoker H, Seager SL. 1976. Poluição por petróleo: Química Ambiental, Poluição do Ar e da Água. Universidade de Oxford. pp.451.

[SI] Surveyor Indonésia. 2012. *Studi Indeks Kepekaan Lingkungan PT. Donggi Senoro LNG.* Jakarta. 176pp.

Susilawati, Fahrizal, Manurung TF. 2017. Keanekaragaman jenis penyusun hutan di kawasan Arboretum Sylva Universitas Tanjungpura Pontianak. *J Hutan Lestari.* 5(1): 1-11.

Vo QT, Kuenzer C, Vo QM, Moder F, Oppelt N. 2012. Revisão dos métodos de avaliação dos serviços ecossistémicos dos mangais. *J Indicadores Ecológicos.* 23:431-446. doi.10.1016/j.ecolind.2012.04.022

Wantasen A.S. 2002. Kajian potensi sumberdaya hutan mangrove di Desa Talise Kabupaten Minahasa Sulawesi Utara.Tese. Institut Pertanian Bogor.84 hlm.

Wardhani MK, Sulistiono S, Siregar VP. 2011. Tingkat Kerentanan Lingkungan Pesisir Selatan Kabupaten Bangkalan Terhadap Potensi Tumpahan Minyak (derrame de petróleo). *J Ilmiah Perikanan dan Kelautan Universitas Airlangga.* 3(1):211-220.

Wardrop JA, Wagstaff B, Pfennig P, Leeder J, Connolly R. 1996. The distribution, persistence and effects of petroleum hydrocarbons in mangroves impactted by the "Era" oil spill (September, 1992): Relatório final da Primeira Fase. Adelaide: Gabinete da Autoridade de Protecção do Ambiente, Departamento do Ambiente e Recursos Naturais do Sul da Austrália

APÊNDICES

Apêndice 1 Métodos de recolha de dados oceanográficos físicos

1. Recolha de dados

Os dados hidro oceanográficos (padrões de maré, ondas e dados batimétricos) foram recolhidos com base em dados secundários obtidos de Pushidros TNI AL e Bakosurtanal. Os dados das marés (marés) obtidos de Pushidros TNI AL estavam na forma de componentes harmónicos dos componentes principais das marés. Para além de Pushidros TNI AL AL, foram também obtidos dados hidrosonográficos a partir de estudos bibliográficos.

Apêndice Quadro 1. Métodos de recolha de dados hidro-oceanográficos

Não.	Parâmetro	Método	Fontes
1.	Marés	Dados secundários	Hidro-oceanografia da Marinha Serviço
2.	Actual	Dados secundários	Serviço de Hidro-oceanografia da Marinha
3.	Onda	Dados secundários	Serviço de Hidro-oceanografia da Marinha
4.	Batimetria	Dados secundários	Organismo nacional de coordenação dos inquéritos

Foram recolhidos dados hidro oceanográficos (padrões de maré, ondas, e dados batimétricos) com base em dados secundários obtidos do Centro Hidrográfico e Oceanográfico Naval (Pushidros) e Bakosurtanal. Os dados das marés (marés) obtidos de Pushidros estão na forma de componentes harmónicos dos principais componentes das marés. Para além do Dishidros TNI AL, os dados hidro- oceanográficos são também obtidos a partir de estudos bibliográficos.

2. Análise de dados

Para determinar o tipo e os dados da maré em torno do local da actividade, os cálculos foram efectuados utilizando o software do Almirantado. Os componentes da maré calculados foram os principais componentes da maré (isto é, M2, S2, K1, e O1). O tipo de maré é calculado com base na equação de Formzahl (número), nomeadamente calculando o rácio da amplitude total (altura de onda), componente de maré diurna (simples), e componente de maré semi-maré diurna (dupla):

$$F = \frac{K_1 + O_1}{S_2 + M_2} \quad (4)$$

Descrição:

F : Número Formzahl

K1 : o principal componente de maré única causado pela atracção gravitacional do sol

01 : o componente único da força da maré devido à atracção gravitacional da lua

S2 : a componente principal da maré devido à atracção do sol

M2 : a componente principal da maré devido à atracção gravitacional da lua

Os critérios do tipo maré são apresentados no Quadro Apêndice 2.

Apêndice Quadro 2. Critérios para o tipo de maré

Formzahl	Tubo de maré
0 - 0.25	Duplo (semi diurno)
0.26 - 1.50	Mistura diurna tende ao tipo duplo
1.50 - 3.00 >3.00	Mistura diurna tende ao tipo simples

Apêndice 2. Valores actuais dos resultados das observações e do modelo HYCOM

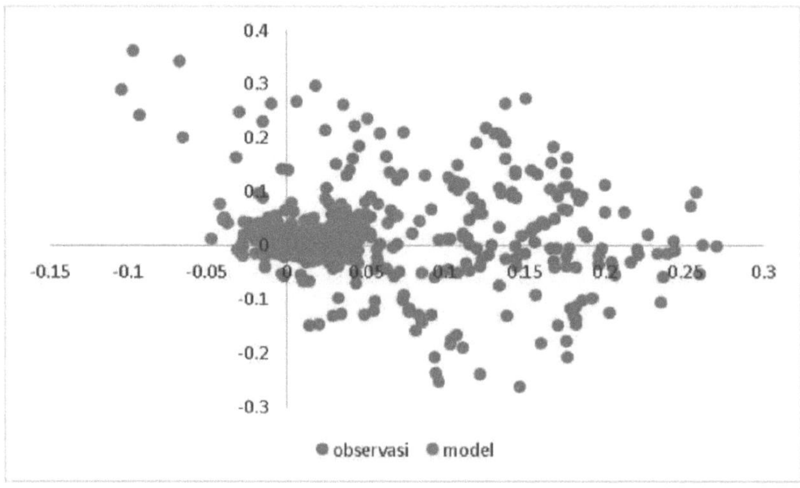

Apêndice 3. Tabela do índice de sensibilidade dos manguezais

No		MANGROVE																								
		MSI		ESI			CV													CEV						
							P			J			D		R					economic services			local rules			culture value
	Districts	Score	Sensitivity	TK	NK	NSE	Result [ind/100m2]	Score	Sensitivity	Result	Score	Sensitivity	Result [m]	Score	Result [m]	Score	Result (%)	Score	Sensitivity	Result	Score	Sensitivity	Result	Score	Sensitivity	
1	Bulagi	44.92	sensitive	5	3.31	2.71	15	3	moderate	2	2	less sensitive	10	4	50	5	70	4	sensitive	absent	1	not sensitive	present	5	very sensitive	
2	Buko	21.50	moderate	5	2.51	1.71	7	2	less sensitive	1	1	not sensitive	10	4	50	5	80	5	very sensitive	absent	1	not sensitive	absent	1	not sensitive	
3	South Batui	35.21	sensitive	3	2.78	4.22	13	3	moderate	4	4	sensitive	30	1	50	5	46	3	moderate	present	5	very sensitive	present	5	very sensitive	
4	Batui	10.67	moderate	3.5	2.11	1.44	8	2	less sensitive	2	2	less sensitive	30	1	100	5	40	3	moderate	absent	1	not sensitive	absent	1	not sensitive	
5	East Luwuk	15.11	moderate	4.5	2.11	1.59	6	2	less sensitive	2	2	less sensitive	30	1	100	5	60	4	sensitive	absent	1	not sensitive	absent	1	not sensitive	
6	Masama	16.45	moderate	4	2.59	1.59	13	3	moderate	3	3	moderate	30	1	100	5	60	4	sensitive	absent	1	not sensitive	absent	1	not sensitive	
7	Lamala	15.19	moderate	4.5	2.34	1.44	12	3	moderate	2	2	less sensitive	30	1	100	5	50	3	moderate	absent	1	not sensitive	absent	1	not sensitive	
8	Balantak	22.69	moderate	2.5	3.34	2.71	32	5	very sensitive	7	5	very sensitive	30	1	100	5	57	4	sensitive	present	5	very sensitive	absent	1	not sensitive	
9	Bualemo	13.77	moderate	2.9	2.99	1.59	17	4	sensitive	4	4	sensitive	25	1	100	5	64	4	sensitive	absent	1	not sensitive	absent	1	not sensitive	

Printed by Books on Demand GmbH, Norderstedt / Germany